化学数学

長浜邦雄
栗原清文
加藤　覚
栃木勝己
著

朝倉書店

まえがき

私が大学の工業化学科（現応用化学科）で数学を教えることになったのはもう20年以上前である．私の専門は化学工学であり，工業化学科の中で最も数学を使う分野だからという理由で多分担当になったのだろう．授業名は当初は工化数学，現在は応化数学と称し，学部の2年生前期（半年）に教えている．しかし，適当な教科書がないため，自分達で新しく化学と数学をキーワードとして，できるだけやさしい教科書を作ってみようというのが本書を計画した第1のモチベーションである．

工化数学の授業を始めたころによく使わせていただいた資料は，恩師の平田光穂先生が「化学の領域（14巻，1960年）」に3回にわたって連載した“化学者のための数学（Ⅰ）～（Ⅲ）”である．多変数，ノモグラフ，連立1次式，熱力学のための微分などについて，軽妙かつわかりやすく書かれていた．実は，“わかりやすく”が曲者で，これ以外の平田先生の多くの著書でもそうであるが，知らないうちに読者をわかった気にさせてしまう．例えば，上の連載の中に「dz/dq では dq に任意の変化をさせているわけであるが，ある変数 y を一定にするような変化に限定するとそれは $(\partial z/\partial q)_y$ となる」のような説明があり，これを読んではじめて偏微分の意味が理解できたような気がした．平田先生は難しい定理を証明する場合も，数学的に厳密に（つまり我々には理解できないように）証明するのではなく，適当な数値を代入して答を出して，「ほらこのように定理は成立しますね」と言ったり，「この証明は簡単ですから省略します」，とよく言われた．私も，以後先生に教えていただいた一人として，授業で時々この手を使って教えている．例えば，微分方程式の解法に関する“……の定理”を説明するより，その方程式を数値的に解いて（答を数字として求め），現実の問題の解決を実感させるような教え方である．この本の第2のねらいはここにある．

本書の構成は以下のようになっている．

第1章では，基本の基本である，数，指数や対数および三角関数からなる超越関数について復習する．

第2章は，化学を学ぶ上にあたって必ず経験する実験データの統計的な取り扱い方を説明している．大学の教養科目の統計学では，対象を社会科学的なデータとして推計学的な内容に終始し，理系の学生は勉強すればするほど嫌いになってしまう科目になっている．ここでは，具体的な化学的なデータをもとにその統計的な扱いをやさしく，わかりやすく取り上げている．

第3章は，式による実験データの当てはめであり，x と y の間に成立する式あるいはモデルを最小2乗法によって求める方法について詳しく述べている．読者自身が，実験によって自分がとったデータをもとに，今までにない新しい式を最小2乗法で作ることができる快感をぜひ味わってもらいたいと思う．

第4章は，補間法である．データを扱う意味では，第2，3章と共通しているが，ここで扱うデータは本来誤差が無視できるほど小さいものに限られ，本質的に誤差が避けられない実験データには適用してはいけないという点を強調したい．

第5章は非線形方程式の解法である．指数，対数，三角関数などは化学では頻繁に出てくる．これらを含む関数は非線形方程式であり，いくら式を変形しても $x=$……のような形で1回で解（解析解）を求めることはできない．その解は繰返し計算による数値解法によってはじめて求められる．

第6章は線形代数である．“行列と行列式の違いは何か”から始まって，行列の性質，それを用いた連立線形方程式のさまざまな解法，行列の固有値についても簡単に触れている．

第7章は微分と積分である．微分や積分は化学には日常的によく出てくる．微分とは，積分とは，偏微分や全微分，後半はそれらを数値的に求める方法を説明している．世の中のほとんどの関数の微分や積分が解析的に可能（数学的にいえば単に可能）であると思っている人が多いと思うが，それは大きな誤解である．とくに積分ができる関数は相当限られている．

第8章は微分方程式である．化学で必要な微分方程式の作り方，また解析解が存在しない微分方程式を解くのに役立つ数値解法を比較している．なお，3変数以上になると偏微分方程式となるがここでは取り上げていない．

第9章の最適化では，化学でよく出くわす非線形モデルの式化などに役立つ方法が説明されている．非線形問題は，第5章の非線形方程式のときと同様に解析的には解くことができず，必ず繰返しを伴う数値計算法が必要である．なお，この章は内容的には少し高度であるが，できるだけわかりやすいように工夫をしたつもりである．

最後の第10章は数値計算とプログラム化である．数値計算で生じる誤差，プログラムを作るときの注意点をごく簡単にまとめた．

各章には多くの例や演習問題を設け，その解答についてもやさしくかつ具体的に説明した．

なお，数値計算を実際に行うためにはパーソナルコンピュータなどが必要で，そのためのプログラミング手法を勉強しなければならないが，紙数の関係もあってここではあえてその部分は取り上げていない．この本で培った数学的なセンスをベースにプログラミングを行って，ぜひ数字を計算する喜びを感じてほしい．

本書は，私が数年前に企画を提起し，それに日本大学の栗原清文先生，栃木勝己先生，東京都立大学の加藤覚先生に加わってもらい，第5章～第10章の執筆をお願いしてはじめて実現した．ここに心よりお礼を申し上げたい．また，出版に当たっては，朝倉書店編集部に心から謝意を申し上げたい．

最後に，本書を書くきっかけを与えてくれた，“工化数学”あるいは“応化数学”，古くは“工業化学のための数値計算法”の授業を履修してくれた多くの学生に感謝の気持ちを表したい．

2004年3月

著者を代表して　長 浜 邦 雄

目　　次

1. なぜ化学数学なのか―まず基礎を学ばう―

化学は実験の学問といわれる．事実，これほどITが発展している現代においても，化学の中に占める実験の割合は80%を超えているかもしれない．しかし，最近の化学の発展にはますます理論的な原理に対するしっかりとした把握が必要になってきている．それを理解するためには，ある程度の数学の素養が必要である．

にもかかわらず，高校や大学における化学科や応用化学科における数学に関する授業は減る一方である．また，従来から化学あるいは生物に進む人は皆数学が苦手であって，数学が嫌いだから化学や生物に進むとさえいわれている．

また，大学における化学科や応用化学科で化学を学ぼうとする学生のほとんどは，高校以上の高等な数学の授業を受けることなく，大学において化学の勉強を始めることになる．また，大学の教養科目に設けられている線形代数，微分方程式や解析学などは，元来数学が苦手な化学関連の学生にはどうしても理解が難しい．また，実験データに基づく研究が主になっている化学では，データの整理などに統計的な情報処理が重要な位置を占めている．しかし，教養科目などに用意されている統計学の授業では，扱うデータそのものや処理の目的がまったく違うため，その授業を受けることによってかえって化学の学生は統計学が嫌いになってしまうことさえある．

大学で化学を学ぼうとする学生に数学をやさしく教え，数学に拒否反応を示さないで，数学を好きになることができる本として，「化学数学」の本を探してみると，筆者の身のまわりにはどうもよい本がない．あっても，数学的に難しかったり，あるいは逆にやさしすぎたりするものもあり，適当な本がない．その原因の1つは，化学を専門とする著者が直接手がけた本が少ない，あるいは応用的な内容に乏しいことなどがあげられる．

一方，工学系ではすべての問題に対し，それを定量的に記述することが要求される．そこでは理論だけではなくて，何らかの数値的な答を出さなければならない．いわば数学を技術や手段として自由に扱えなければならない．

そのような背景を踏まえて，第1章では化学のよりどころである種々の量の関係を理解するため必要な基礎的な事項について簡単に復習する．

1.1　数

a.　無　理　数

$\sqrt{2}$を計算すると，1.4142…と無限に続く小数となる．このような小数を無限小数という．

一方，無限に続かない小数を有限小数という．無限小数と有限小数で表される数を一般に実数といい，そのうち有理数（整数・分数）でないものを無理数という．$\sqrt{2}$や$\sqrt{3}$は無理数であり，$\log_{10}2=0.30103\cdots$，$\pi=3.14159\cdots$，e(自然対数の底)$=2.718281\cdots$もやはり無理数である．

【無理数の計算の公式】

Ⅰ．$a>0$，$b>0$のとき，$\sqrt{a}\sqrt{b}=\sqrt{ab}$，$\dfrac{\sqrt{a}}{\sqrt{b}}=\sqrt{\dfrac{a}{b}}$

Ⅱ．$k>0$，$a>0$のとき，$k\sqrt{a}=\sqrt{k^2a}$

Ⅲ．$a>0$，$b>0$のとき，$\sqrt{a+b+2\sqrt{ab}}=\sqrt{a}+\sqrt{b}$．

　　また$a>b$ならば，$\sqrt{a+b-2\sqrt{ab}}=\sqrt{a}-\sqrt{b}$

b.　虚　数

負の数の平方根は，実数の範囲では定義できない．しかし，以下の虚数と呼ばれる数を用いると負の数の平方根が定義できる．

$$i=\sqrt{-1},\qquad i^2=-1 \tag{1.1}$$

つまりiは単位の虚数である．

複素数は，実数a，bを使って，$a+bi$で表す．$a=0$，$b\neq 0$のとき，つまりbiを純虚数といい，$b=0$のとき実数aを表す．原子や分子の構造に関する問題では，電子などの素粒子が波動性を示し，その最適な数学的モデルには波動方程式の解が現れる．波動方程式の解は波動関数と呼ばれ，一般には複素数になる．

ここで，今まで出てきた数を整理すると，以下のようになる．

【数の分類】

- 複素数 $a+bi$
  - 実数 a $(b=0)$
    - 有理数（整数・分数）
    - 無理数
  - 虚数 $a+bi$ $(b\neq0)$
    - 純虚数 bi $(a=0,\ b\neq0)$
    - 虚数 $a+bi$ $(a\neq0,\ b\neq0)$

また，虚数を含む複素数の計算をまとめると，

【複素数の計算の公式】

Ⅰ． $(a+bi)\pm(c+di)=(a\pm c)+(b\pm d)i$

Ⅱ． $(a+bi)(c+di)=(ac-bd)+(ad+bc)i$

Ⅲ． $\dfrac{a+bi}{c+di}=\dfrac{(ac+bd)+(bc-ad)i}{c^2+d^2}$

なお，複素数 $a+bi$ と $a-bi$ は共役な複素数という．共役な複素数は，その和も積もともに実数である．

$$(a+bi)+(a-bi)=2a, \qquad (a+bi)(a-bi)=a^2+b^2$$

1.2 超 越 関 数

化学の世界では，指数（関数），対数（関数）あるいは三角関数がよく使われる．そのような関数を超越関数という．超越関数は一般に無限級数で表されるため，それらを精度よく求めるためには多数項の級数を計算することになる．しかし，実際の電卓やコンピュータでは無限級数を途中で打ち切る必要があるため，一般にこれらの値の精度は通常の数よりかなり悪いので，注意が必要である．

a. 指 数

（1） 指数法則

任意の数 c は，底 a の肩にべき数あるいは指数と呼ばれる m を添えて表される．

$$c=a^m \tag{1.2}$$

【指数法則】

a, b を正の数とし, m, n を正の整数とすると以下の式が成り立つ.

Ⅰ. $a^m a^n = a^{m+n}$

Ⅱ. $\dfrac{a^m}{a^n} = a^{m-n}$ $(m>n)$

Ⅲ. $(a^m)^n = a^{mn}$

Ⅳ. $(ab)^n = a^n b^n$

Ⅴ. $\left(\dfrac{a}{b}\right)^n = \dfrac{a^n}{b^n}$

なお, 指数が0, 負数, 分数の場合にもⅠ～Ⅴまでの指数法則が成立する. つまり, すべての有理数について指数法則が成り立つ.

また, a が正の数で, n が正の整数 $(n\geqq 2)$ のときは, $a^{1/n}$ の値は正の数 $(\sqrt[n]{a})$ である. a が負のときは, n が奇数 $(n\geqq 3)$ の場合に限り $a^{1/n}$ は実数値を取り, その値は負の値である. a が負で, n が偶数のときは $a^{1/n}$ の実数値は存在しない.

それゆえ, $(-8)^{1/3}=\sqrt[3]{-8}=-2$ であるが, $(-8)^{1/6}$ という数は存在しない. ところで, $(-8)^{1/3}=(-8)^{2/6}=\{(-8)^2\}^{1/6}=64^{1/6}=2$ は正しくない. それは, $(-8)^{1/6}$ が存在しないのだから, $(-8)^{2/6}$ も存在しないからである.

なお, 指数法則を $a>0$ に限っても何の不自由もない. それは,

$$(-8)^3 = -(+8)^3,\quad (-8)^2 = +(+8)^2,\quad (-8)^{1/3} = -(+8)^{1/3}$$

のように, 先に正・負の記号を調べておけば, すべて $a^m(a>0)$ に直すことができるからである.

表1.1　10を底とする指数の呼び方

数	接頭語	記号	数	接頭語	記号
10^{-1}	デシ	d	10	デカ	da
10^{-2}	センチ	c	10^2	ヘクト	h
10^{-3}	ミリ	m	10^3	キロ	k
10^{-6}	マイクロ	μ	10^6	メガ	M
10^{-9}	ナノ	n	10^9	ギガ	G
10^{-12}	ピコ	p	10^{12}	テラ	T
10^{-15}	フェムト	f	10^{15}	ペタ	P
10^{-18}	アット	a	10^{18}	エクサ	E

(2)　指数関数

$$f(x) = a^x \quad (a>0,\ a\neq 1)$$

は，どんな有理数 x を与えても，それに対応して a^x の値が決まる．この関数 a^x を a を底とする指数関数という．

$a>1$ のときの指数関数は，

① x のすべての値に対して，$f(x)>0$

② $f(0)=1$

③ x とともに単調に増加する

④ $x\to\infty$ のとき $f(x)\to\infty$

⑤ $x\to-\infty$ のとき $f(x)\to 0$

⑥ $f(x_1+x_2)=f(x_1)f(x_2)$，$f(x_1-x_2)=f(x_1)/f(x_2)$，$f(mx)=[f(x)]^m$

⑦ 下に凸である．

$a>1$ のときの指数関数を図 1.1 に，$a<1$ のときを図 1.2 に示す．なお，底としては $a=10$ および $a=e$ がもっぱら用いられる．それらは $f(x)=10^x$，あるいは $f(x)=e^x=\exp(x)$ のように書かれる．

b. 対　数

（1） 対数

式 (1.2) の関係は以下のような形としても書くことができる．

$$m=\log_a c \tag{1.3}$$

これは，底を a （$a>0$，$a\neq1$）とする c の対数という．ここで，m を真数という．また，c は定義により $c>0$ である．さらに，

$$a^0=1,\quad a^1=a,\quad a^r=a^r$$

から，

$$\log_a 1=0,\ \log_a a=1,\ \log_a a^r=r$$

である．

対数は，スコットランド人ジョン・ネイピアによって発見された（1614 年）．自然対数（底を e としたもの）は 1618 年に，常用対数（底を 10 としたもの）は 1620 年にはじめて現れた．対数の発見は，計算法の革命をもたらし，ラプラスは“対数の発見は骨折りを少なくして，天文学者の生命を 2 倍にした”と賞賛した．

さて，対数に関係して以下の定理がある．

【対数に関する定理】

$a>0$，$a\neq1$，$b>0$，$b\neq1$，$c>0$，$d>0$，α は実数とする．

Ⅰ．$\log_a cd = \log_a c+\log_a d$

Ⅱ．$\log_a \dfrac{c}{d} = \log_a c-\log_a d$

Ⅲ．$\log_a c^{\alpha} = \alpha\log_a c$

Ⅳ．$\log_a c = \log_a b\log_b c$，すなわち $\log_b c = \dfrac{\log_a c}{\log_a b}$

Ⅴ．$\log_{1/a} c = -\log_a c$

なお，定理Ⅰで，$\log_a c+\log_a d$ を変形すると $\log_a cd$ となるがその逆は無条件ではいかない．それは，$cd>0$ であっても $c>0$，$d>0$ であるとは限らないからである．だから，

$$\log_a cd = \log_a|c|+\log_a|d|$$

としかできない．

（2）　対数関数

a を1と異なる正の実数とすると，任意の正の実数 x に対応する y が $\log_a x$ で表される関数

$$y = \log_a x \tag{1.4}$$

を，a を底とする対数関数という．これは，$y=a^x$ の x と y を交換した $x=a^y$ を書き直して $y=\log_a x$ が得られるため，対数関数と指数関数は互いに逆関数である．そのため，対数関数 $y=\log_a x$ のグラフは指数関数 $y=a^x$ と $y=x$ につい

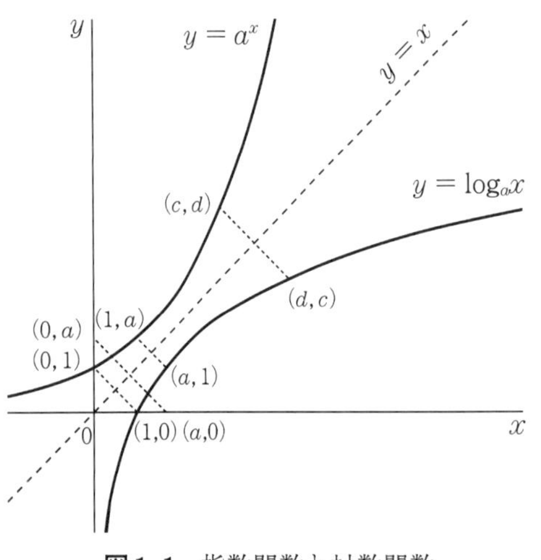

図1.1　指数関数と対数関数（$a>1$ のとき）

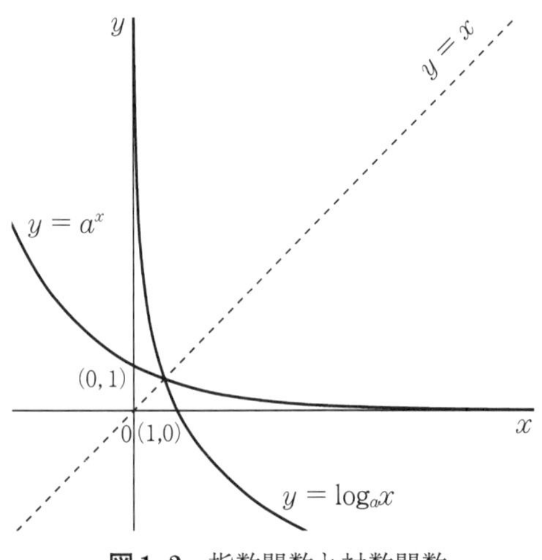

図1.2　指数関数と対数関数（$1>a>0$ のとき）

て対称となる．その関係を，図 1.1 と図 1.2 に示す．

（3） 常用対数

10 を底とする対数 $\log_{10} c$ を常用対数という．普通，底を省いて $\log c$ と書く．

常用対数の値を整数と 1 よりも小さい正の数の和として表すとき，整数の部分を指標，小数の部分を仮数という．仮数はつねに正である．例えば，$\log c = 3.1014$ とすると，$\log c$ の指標は 3，$\log c = \bar{2}.1014$ の場合は指標は -2 であるが，仮数はいずれも 0.1014 である．

【指標と仮数について】

Ⅰ． 1 より大きな数の対数の指標 k はその整数部分の桁数 m より 1 だけ小さい．
$k = m-1$

Ⅱ． 1 より小さい数の対数の指標はその数が小数第 m 位から始まるときは $-m$ である．$k = -m$

Ⅲ． 2 つの正の数が小数点の位置だけ異なり数字の並び方がまったく同じであれば，この 2 つの対数は同じ仮数をもつ．

以上から上の例では，$\log c = 3.1014$ のときは $c = 1.2630 \times 10^4$ であり，$\log c = \bar{2}.1014$ では $c = 1.2630 \times 10^{-2}$ となる．

（4） 自然対数

底を $e = 2.7182818\cdots$ とする対数 $\log_e d$ を自然対数という．普通は，$\log_e d = \ln d$ と略記される．なお，e は以下のように定義された数である．

$$e = \lim_{n \to \infty} \left(1 + \frac{1}{n}\right)^n \tag{1.5}$$

自然対数は常用対数との以下の関係を用いて容易に求められる．

$$\ln d = \log 10 \times \log d = 2.303 \log d \tag{1.6}$$

【例 1.1】 化学反応速度 k の温度依存性は以下のアーレニウス（Arrhenius）の指数式によって表される．

$$k = Ae^{-E_a/RT} = A \exp\left(\frac{-E_a}{RT}\right)$$

ここで，A は前指数因子，E_a は活性化エネルギー，R は気体定数である．異なる温度における化学反応の実験データから，活性化エネルギーおよび前指数因子を求めよ．

【解】 上記の式の両辺の自然対数をとると，次式が得られる．

$$\ln k = \ln A - \frac{E_a}{RT}$$

ここで，異なる温度 T_1 および T_2 における反応速度データから決定した速度定数を k_1,

k_2とすれば，$\ln k$を$1/T$に対してグラフにプロットする．そのとき得られた直線の勾配$-E_a/R$から活性化エネルギーが，切片$\ln A$から前指数因子Aが求められる．■

【例 1.2】　25℃における水のイオン積K_w（$=[H^+][OH^-]$）は1.0×10^{-14} mol^2/dm^{6}である．水素イオン指数 pH を［OH^-］を用いて表せ．

【解】　pH は以下のように定義されている．

$$\mathrm{pH} = -\log[H^+]$$

また，水のイオン積である［H^+］［OH^-］$=1.0\times10^{-14}$の両辺の常用対数をとれば，

$$-\log[H^+]-\log[OH^-] = 14$$

したがって，以下の関係が得られる．

$$\mathrm{pH} = 14+\log[OH^-]$$

なお，pH と同様に電解質の解離指数 pK（$=-\log K$）もよく使われる．pH や pK などは“p スケール”と呼ばれ，一般的には次式で表す．

$$\mathrm{p}X = -\log X$$ ■

【例 1.3】　ある1次反応の半減期$t_{1/2}$を測定した．反応物濃度がさらにその半分になるまでの時間$t_{1/4}$を求めよ．

【解】　反応物濃度をcとすると，1次反応における濃度と時間の関係は次式のように書ける．

$$\ln\frac{c_0}{c} = kt$$

ここで，c_0は初期濃度，tは時間，kは速度定数である．半減期は，

$$\ln\left(\frac{2c_0}{c_0}\right) = kt_{1/2}$$

で表され，半減期は濃度によらないことがわかる．ここで，この関係を用いて速度定数kが求まる．

$$k = \frac{\ln 2}{t_{1/2}}$$

次に，最初の式に$c=c_0/4$を代入すれば，$t_{1/4}$が以下のように求まる．

$$t_{1/4} = \frac{\ln 4}{(\ln 2/t_{1/2})}\ (= 2t_{1/2})$$ ■

c.　三 角 関 数

図1.3に示すように平面上に直交座標軸および角θを取り，角の頂点を座標軸の原点Oに，その始線をx軸の正の部分に一致させたときの動径の位置をOPとする．直線OP上の点で，原点からの距離がr（>0）である点をPとし，その座標を（x, y）とするとき，以下の6つの比の値は，いずれもrの値に関係なく，θのみによって決まる．

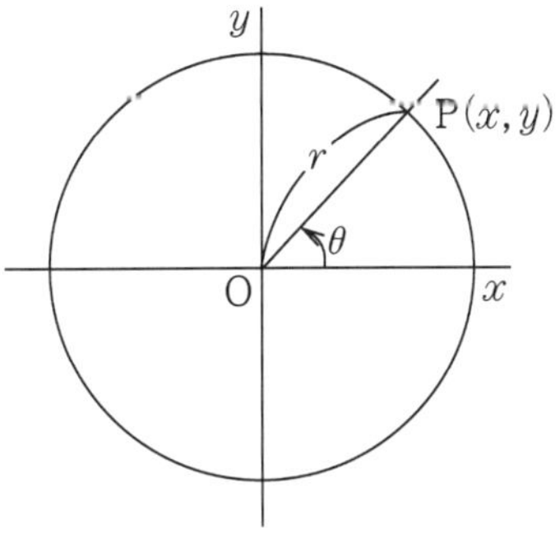

図1.3　三角関数

$$\frac{y}{r},\quad \frac{x}{r},\quad \frac{y}{x},\quad \frac{x}{y},\quad \frac{r}{x},\quad \frac{r}{y}$$

つまり，いずれも θ のみの関数になる．これらの関数を総称して三角関数といい，それぞれを

$$\sin\theta=\frac{y}{r},\quad \cos\theta=\frac{x}{r},\quad \tan\theta=\frac{y}{x},\quad \cot\theta=\frac{x}{y},$$

$$\sec\theta=\frac{r}{x},\quad \mathrm{cosec}\,\theta=\frac{r}{y} \tag{1.7}$$

で表し，サイン（正弦，sin），コサイン（余弦，cos），タンジェント（正接，tan），コタンジェント（余接，cot），セカント（正割，sec），コセカント（余割，cosec）という．ただし，$\tan\theta$ と $\sec\theta$ は $x\neq 0$，$\cot\theta$，$\mathrm{cosec}\,\theta$ は $y\neq 0$ に限ってそれぞれ定義される．

角度 θ が 0° から 360° まで変化するにつれ，三角関数はそれぞれ独特なカーブを描く．角度を示す単位としては度（° または deg）のほかにラジアン（rad）が使われる．円の 1 周に相当する 360° を 2π rad と定義し，以下の関係がある．

$$\frac{360\ \mathrm{deg}}{2\pi\,\mathrm{rad}}=57.29578\ \mathrm{deg/rad}$$

（1）　三角関数の級数展開

$\sin(x/\mathrm{rad})$ と $\cos(x/\mathrm{rad})$ は，級数を使って展開できる．

$$\sin x=\frac{x}{1\,!}-\frac{x^3}{3\,!}+\frac{x^5}{5\,!}-\frac{x^7}{7\,!}+\cdots \tag{1.8}$$

$$\cos x=1-\frac{x^2}{2\,!}+\frac{x^4}{4\,!}-\frac{x^6}{6\,!}+\cdots \tag{1.9}$$

【三角関数の定理】

Ⅰ. $\sin^2\theta+\cos^2\theta=1$, $\tan^2\theta+1=\sec^2\theta$, $\cot^2\theta+1=\mathrm{cosec}^2\theta$

Ⅱ. 加法の定理

（1） $\sin(\alpha+\beta)=\sin\alpha\cos\beta+\cos\alpha\sin\beta$

$\sin(\alpha-\beta)=\sin\alpha\cos\beta-\cos\alpha\sin\beta$

（2） $\cos(\alpha+\beta)=\cos\alpha\cos\beta-\sin\alpha\sin\beta$

$\cos(\alpha-\beta)=\cos\alpha\cos\beta+\sin\alpha\sin\beta$

（3） $\tan(\alpha+\beta)=\dfrac{\tan\alpha+\tan\beta}{1-\tan\alpha\tan\beta}$

$\tan(\alpha-\beta)=\dfrac{\tan\alpha-\tan\beta}{1+\tan\alpha\tan\beta}$

Ⅲ. 倍角の公式

（1） $\sin 2\alpha=2\sin\alpha\cos\alpha$

（2） $\cos 2\alpha=\cos^2\alpha-\sin^2\alpha=1-2\sin^2\alpha=2\cos^2\alpha-1$

（3） $\tan 2\alpha=\dfrac{2\tan\alpha}{1-\tan^2\alpha}$

（2） 逆三角関数

角 θ の6つの三角関数の逆関数は以下のように定義される．

$y=\sin^{-1}\theta$（または $\arcsin\theta$）, $y=\cos^{-1}\theta$（または $\arccos\theta$）

$y=\tan^{-1}\theta$（または $\arctan\theta$）, $y=\cot^{-1}\theta$（または $\mathrm{arccot}\,\theta$）

$y=\sec^{-1}\theta$（または $\mathrm{arcsec}\,\theta$）, $y=\mathrm{cosec}^{-1}\theta$（または $\mathrm{arccosec}\,\theta$）

（3） 双曲線関数

三角関数が円周上の点と関係づけられるのと同様に，双曲線関数は双曲線上の点と関係づけられる．双曲線正弦関数（sinh），双曲線余弦関数（cosh），双曲線正接関数は以下のように与えられる．

$$\sinh x=\frac{e^x-e^{-x}}{2},\quad \cosh x=\frac{e^x+e^{-x}}{2},\quad \tanh x=\frac{\sinh x}{\cosh x} \qquad (1.10)$$

これらは三角関数に類似した性質をもつ．

$$\cosh^2 x-\sinh^2 x=1,\quad 1-\tanh^2 x=\frac{1}{\cosh^2 x} \qquad (1.11)$$

【例 1.4】 波長 1.60×10^{-10} m の光が，結晶格子で 38.3° で回折されたとする．$n=1$ としてブラッグ（Bragg）の式を用いて，この回折を与える原子面の面間隔を求めよ．

【解】 ブラッグの式は以下のように書かれる．

$$n\lambda=2d\sin\theta$$

ここで，n は倍数，d は面間隔，θ は回折角である．与えられた値をこの式に代入すると，

$$d = 2.58\times10^{-10}\,\mathrm{m} = 2.58\ \mathrm{\AA}$$

となる． ■

演　習　問　題

1.1　次式を簡単にして，その結果を累乗の形にせよ．

（1）　$a^{1/2}\times a^{1/3}\div a^{1/6}$

（2）　$a\times(a^{-2}b^{3})\div(ab^{-1})^{5}$

1.2　x について次式を解け．

（1）　$5^{x} = 625$

（2）　$125\times(\sqrt[3]{5})^{x} = (\sqrt{5})^{x}$

1.3　次式を簡単にせよ．

（1）　$(\log_{4}3)(\log_{9}25)(\log_{5}8)$

（2）　$\dfrac{1}{2}\log_{2}10+\log_{4}14-3\log_{8}\sqrt{35}$

1.4　x について次式を解け．

（1）　$\sqrt{3}\sin x+\cos x = 1$

（2）　$2\cos^{2}x+3\sin x-3 = 0$

1.5　pH＝2.50 の水溶液の水素イオン濃度 $[H^{+}]$ および水酸化物イオン濃度 $[OH^{-}]$ を求めよ（例 1.2 参照）．

1.6　ある化合物 A_2B の分解反応 $A_2B \rightarrow A_2+(1/2)B_2$ の速度定数は，967 K で 0.135 $\mathrm{dm^3/mol\cdot s}$，1085 K では 3.70 $\mathrm{dm^3/mol\cdot s}$ であった．この反応の活性化エネルギー E_a と前指数因子 A を求めよ（例 1.1 参照）．

2. 実験データの統計的な取扱い

研究の性質上，実験あるいは理論がその中で占める割合は，同じ理数系といっても数学，物理，化学，生物，あるいは理学と工学でずいぶん異なる．数学は理論や計算が100%，物理は半々，化学は80%以上が実験で，生物では今でもほぼ100%が実験であろう．化学は，分子や電子のような見えない相手を対象にしているだけでなく，まだまだわからないことばかりのため，机に向かってうなっているより，実験で確かめるのが手っ取り早いことが多い．工学も対象とする現象が複雑で，理論的には不明なことがたくさんあるため，実験データをとりながら考えをめぐらしていくのが普通である．

ところで，最近はパソコンを中心としたコンピュータの役割がますます重要になり，多くの実験の手助けあるいは経費や技術の問題で実際には実験できないような極限状態の実験をコンピュータ上で提供してくれるなど，おおいに化学や工学の発展に貢献している．しかし，全部がコンピュータに置き換わり，実験なしに研究や開発を行うことはこれからもありえない．

データには，例えば不特定多数の人を相手にした各政党の支持者数に関する街頭アンケート結果のように，整数のみによって表される離散的なデータと，理学や工学で扱う連続（非離散）的でかつ定量的なデータとがある．ここではもっぱら連続でかつ定量的な実験データを対象とする．

本章では，化学などの実験的研究で重要な実験データの統計的な整理や取扱いについて述べる．統計学は応用数学の一分野であり，統計的なデータ解析法を教えてくれるものである．つまり，それを理解しかつ適切に使用することによって，時間的にも経済的にも能率よく実験データから目的とする有用な結論を導くことができる．

2.1　実験に伴う誤差

統計学によれば，完全無欠な設備や装置を用いてどんなエキスパートが実験をしようとも完璧なデータを得ることはできず，誰も真の値を知ることはできない（神様だけが知っている）．ここで，誤差とは真の値と測定値の間の差を意味する．つまり，実験には必ず実験誤差がつきまとう．

統計学は一方では推計学とも呼ばれるように，その役割は数多くの実験データから実験誤差を推定し，信頼できる実験データをもとにできるだけ真の値に近い最確値を推定することにある．

ここで，x_i を i 回目の測定値，μ を x の真の値とすると，絶対誤差 e_i は以下の式で表される．

$$e_i = x_i - \mu \tag{2.1}$$

また，相対誤差 r_i は，

$$r_i = \frac{e_i}{x_i} \times 100\ \% \tag{2.2}$$

で表す．

誤差は一般に偶然誤差と系統誤差に分けられる．なお，前者を非決定論的誤差，後者を決定論的誤差と呼ぶこともある．偶然誤差は，その原因を含めてまったく予知（制御）できないランダムな誤差であり，測定器具や測定技術の向上や熟練によって小さく（ほぼゼロに）することはできるが，ゼロにすることはできない．また，偶然誤差は真の値に対して正にも負にもほぼ同等に分布する．統計学では，この偶然誤差を“誤差”と称し，測定値の正確さもさることながら精度に影響を与える．

一方，系統誤差とは測定機器の欠陥や測定方法や技術などの不良あるいは未習熟によって生じ，その原因が特定できるものである．つまり，系統誤差は，機器や技術の向上などによって限りなく小さくできる誤差である．系統誤差は，真の値に対して常に正か負のいずれか一方向にのみ起こるため，測定値の正確さに大きく影響する．そのために系統誤差は実験する前にできるだけ取り除く必要がある．

測定は直接測定と間接測定に分類できる．単なる質量あるいは長さの測定のように測定器を直接読むだけで決定されるのは直接測定である．一方，複数の直接測定量を用い，それと目的測定量の間に存在する関数関係によって求めるのが間接測定である．例えば，ビューレットの読みから滴下した溶液の体積を測定するためには，液面の始点と終点の目盛の引き算が必要である．つまりこの場合の体積測定も間接測定である．このように，我々が測定する目的量はほとんどが間接測定量である．

その場合の目的量の誤差に対する直接測定量の偶然誤差の影響は，以下の誤差の伝播則によって考慮することが多い．

（1）　線形

$Y=A+B+C+\cdots$，ここで Y は目的量，$A, B, C, \cdots$ は直接測定量である．このときの Y の誤差 y は，

$$y = \pm\sqrt{a^2+b^2+c^2+\cdots} \qquad (2.3)$$

ここで，$a, b, c, \cdots$ は直接測定量 $A, B, C, \cdots$ のそれぞれの誤差である．

（2）　乗除式

$Y=AB/C$，ここで Y は目的量，A, B, C は直接測定量である．このときの Y の誤差 y は，

$$\frac{y}{Y} = \pm\sqrt{\left(\frac{a}{A}\right)^2+\left(\frac{b}{B}\right)^2+\left(\frac{c}{C}\right)^2} \qquad (2.4)$$

つまりこの場合は Y の相対誤差として表される．

（3）　その他の関数形

$Y=f(A, B, \cdots)$，ここで Y は目的量，$A, B, \cdots$ は直接測定量，f は関数を表す．このときの Y の誤差 y は，

$$y = a\left|\frac{\partial f}{\partial A}\right|+b\left|\frac{\partial f}{\partial B}\right|+\cdots \qquad (2.5)$$

ここで，$a, b, \cdots$ は $A, B, \cdots$ の誤差であり，$\partial f/\partial A$，$\partial f/\partial B$，$\cdots$ は偏微分を示す．累乗，指数，対数，三角関数などの誤差をこの関係によってその伝播を見積もることができる．

なお，上記以外の伝播則もある．一般に上記の伝播則によって計算すると，誤差を過大に評価する傾向が強い．つまり，誤差は正負両方の符号をもち実際には

それらが相殺することもあるはずであるが，上記の関係では考慮されていない．それゆえ，伝播則で見積もられた誤差は最大誤差と考えたほうが安全である．

式(2.3)～(2.5)は，逆にある実験をするに当たって目的量 Y を誤差 y で測定したい場合に必要な直接測定量の誤差が推定できる．つまりその実験に適する測定器具や方法を検討するのにも使える．

【例 2.1】 水酸化ナトリウム（NaOH）の結晶を秤り取り，それに水を加えて濃度 C (mol/dm^3) の溶液を調製したい．そのときの C の誤差を求めよ．ただし，5 g の NaOH を誤差 0.01 g で秤量し，溶液は誤差 ±0.2 cm^3 で 200 cm^3 だけ用意するものとする．また，NaOH の分子量は 40.00±0.01 g/mol である．

【解】 質量 W，分子量 M および体積を V とすると，濃度 C は

$$C = \frac{W}{MV} = \frac{5}{40.00 \times 200} = 0.625 \text{ mol/dm}^3$$

つまり

$$\begin{aligned}
\frac{c}{C} &= \pm\sqrt{\left(\frac{w}{W}\right)^2 + \left(\frac{m}{M}\right)^2 + \left(\frac{v}{V}\right)^2} \\
&= \pm\sqrt{\left(\frac{0.01}{5}\right)^2 + \left(\frac{0.01}{40.00}\right)^2 + \left(\frac{0.2}{200}\right)^2} \\
&= \pm\sqrt{4.00 \times 10^{-6} + 6.25 \times 10^{-8} + 1.00 \times 10^{-6}} \\
&= \pm\sqrt{5.00 \times 10^{-6}} = \pm 2.24 \times 10^{-3}
\end{aligned}$$

$$\begin{aligned}
\therefore \quad c &= 0.625 \times 2.24 \times 10^{-3} \\
&= 1.398 \times 10^{-3} \\
\therefore \quad C &= 0.625 \pm 0.001 \text{ mol/dm}^3
\end{aligned}$$

■

2.2 正確さと精度

測定データを扱う際に，正確さ（accuracy）と精度（precision）という用語がよく使われるが，あまりその意味を正確に理解していないケースも多くみられる．

正確さとは「測定値と真の値の近さ」を意味する．しかし，既に述べたように我々は真の値を知ることができないため，データの統計的な処理によって誤差を推定し，測定値が真の値にどれだけ近いのかを評価するだけである．

一方，精度とは複数の測定値間相互の近さである．つまり精度とは正確さとは

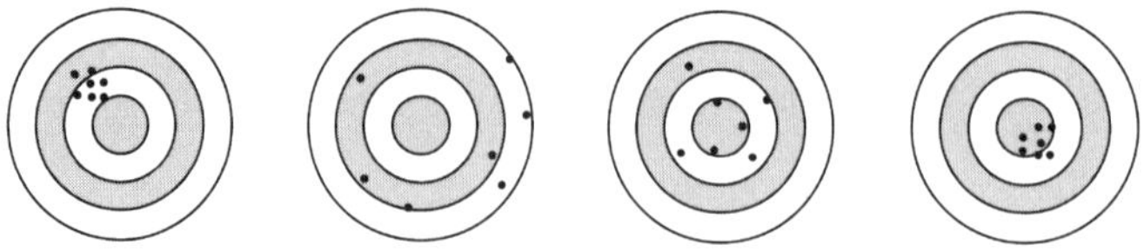

図 2.1　正確さと精度

まったく異なったものであり，よくあることであるが実験によっては“精度は高いが測定値は正確でない”ケースがよくみられる．もちろん，正確さも精度も両方が高い実験データが最も好ましい．

弓矢の的を用いて 4 人の射手の正確さと精度の違いを表したのが図 2.1 である．(a)はデータにバラツキがなく精度はよいが中心からずれているので不正確であり，(b)は精度も正確さも最も悪いケースである．(c)は標的の近くに集中し，正確さは高いが残念ながら精度は低い．この図の中で (d)が最も望ましく，正確で精度の高い射手の結果である．なお，理学や工学における実験では弓矢のように簡単には真の値（的の中心）を知ることができないため，データに基づいて精度の推定はできるが，測定値自身の正確さを正しく評価することはそれほど容易ではない．

比較的簡単なデータの正確さの表し方は有効数字による表示である．測定データを数字で表すとき，正確であることが確実にわかっている数字に，不確定さが予想される数字をその次の桁に加えて表示した数字である．つまり，表記してある有効数字の桁数がそのデータの正確さを示しているという考え方である．

（1） ゼロ（0）について：ゼロが有効数字に入るのかどうかについて混乱することがよくある．その原則は，

① 小数点の位置や位取りを表す以外に使われたゼロは有効数字である．例えば，20.33 の有効数字は 4 桁，0.543 も 0.000543 も有効数字はともに 3 桁，0.5460 は有効数字 4 桁である．

② 10,100,1000 などだけではゼロが有効数字かどうかわからない．その点を明示するためには次のように浮動小数点法によって桁数を明らかにすべきである．例えば 1000 のままでは有効数字は 1 桁か 4 桁かわからないが，有効数字 4 桁であれば 1.000×10^3 と表す．上記の 0.000543 も浮動小数点法で

5.43×10^{-4} と表記すれば有効数字が3桁であることが理解しやすい．

（2）　有効数字の取扱いを考える中で，正しい有効数字の桁数で最終結果を表すことが大切である．そこで，

① 加減算：例えば，$x=0.3234+32.262=32.5854$ とする．ここで，32.262 は±0.0005の誤差を伴う．つまり，右辺の最後の桁は既に意味をもたないため，答としては32.585が正しい．加減算では絶対誤差によって結果が支配されるので，計算結果も誤差が最も大きな数字の有効数字の桁数を超えることはできない．

② 乗除算：例えば，$x=6.11\times4.234/0.32654=79.22380$ とする．ここで示した結果は有効数字7桁であるが，計算結果は最も有効数字の桁数の少ない6.11の3桁を超えることはできない．つまり，結果は79.2とすべきである．これは乗除算では絶対誤差でなく相対誤差によって支配されるためである．

③ 対数や指数算：例えば，電卓によって $\ln 2.65=0.97455964$ となるが，真数の桁数に合わせるため，答は0.975となる．逆に $\ln x=3.4265$ となる真数 x を求めると，電卓では $x=30.78676$ となるが，対数（$=3.4265$）の仮数の有効数字は4桁なので正しくは $x=30.79$ となる．

（3）　パソコンや電卓などから出力される計算結果＝有効数字と錯覚している人がいるが，そうではない．パソコンは命令されたとおりに計算をしただけで，有効数字の概念などまったく考慮していない．また，最終結果を出すまでに何段階にもわたる計算を行う場合は，途中の計算で四捨五入あるいは数値の丸めをしてはいけない．最終結果が計算された段階で正しい有効数字に合わせる必要がある．

2.3　データのヒストグラム

データを取る目的は，対象とする特定な性質についてその全貌を知り理解することである．統計学では，そのような対象を母集団（population）という．母集団の特性を完全に把握するためには，全部を調べなければならない．しかし，それは無理なので，母集団の一部を全体の代表になるように慎重に選んで解析し，

表 2.1　中和に要した水酸化ナトリウム（NaOH）の体積

測定者	NaOH 水溶液量 (ml)					平均値 (ml)	標準偏差 (ml)
A	14.9	14.7	13.5	13.0	13.3	13.88	0.861
B	13.0	13.1	12.8	12.7	11.7	12.66	0.559
C	13.2	14.8	15.7	13.2	13.8	14.14	1.090
D	13.7	13.3	11.2	12.4	13.5	12.82	1.033
E	14.7	14.2	15.3	13.2	13.5	14.18	0.858
F	13.3	12.7	11.1	12.3	13.2	12.52	0.890
G	14.8	13.2	14.9	13.3	13.5	13.94	0.839
H	13.5	12.5	12.8	11.5	13.2	12.70	0.771
I	14.5	13.9	14.7	15.6	13.9	14.52	0.701
J	13.3	12.9	11.3	13.7	12.3	12.70	0.938
K	14.0	15.5	13.1	14.0	13.1	13.94	0.981
L	11.4	12.3	13.0	10.5	13.0	12.04	1.083

母集団の特性の推定に用いる．そのようにして選ばれた母集団の一部分を，統計学では標本（sample）という．化学のようにデータを実験によって測定する立場から言い直せば，限られた数のデータ（標本）から非常に多数のデータの集合（母集団）の最確値（できれば真の値）を求めることを意味する．

具体的なデータとして，化学実験で A～L の 12 人の学生が各 5 回ずつ測定した中和滴定の結果（中和に要した水酸化ナトリウム水溶液の体積（ml））を取り上げる（表 2.1）．ここでデータの総数は $N=60$ であり，一応これを大きさ N の母集団として扱い，各人が測定した各データを $n=5$ の大きさの標本とする．

このままでは，上の表は単なる数値の羅列であり，これをみただけでは有益な情報を知ることはできない．そこで，図 2.2 のようなヒストグラムを作る．そのため，まずデータを一定間隔の階級幅ごとに分類し，階級幅と度数 f の関係を整理した度数分布表（表 2.2）を用意する．

なお図 2.2 中の曲線は，後で述べるように表 2.1 のデータから求めた平均値 $\mu=13.34$ と標準偏差 $\sigma=1.13$ を用いて計算した正規分布曲線を示す．

図 2.2 に示すように，多くのデータは平均値（=13.34）の近くに集まり，平均値から大きく離れたデータの出現性は非常に低い．また数が多くないため，このデータだけでは平均値を中心とした対称性は十分よいとはいえないが，さらにデータ数 N を増やすことによってさらに対称性の優れた分布になる．

$f = p \times N$

$p = \dfrac{1}{\sqrt{2\pi\sigma^2}} \exp\left\{-\dfrac{1}{2}\left(\dfrac{x-\mu}{\sigma}\right)^2\right\}$

$\mu = 13.34$
$\sigma = 1.13$

最大値

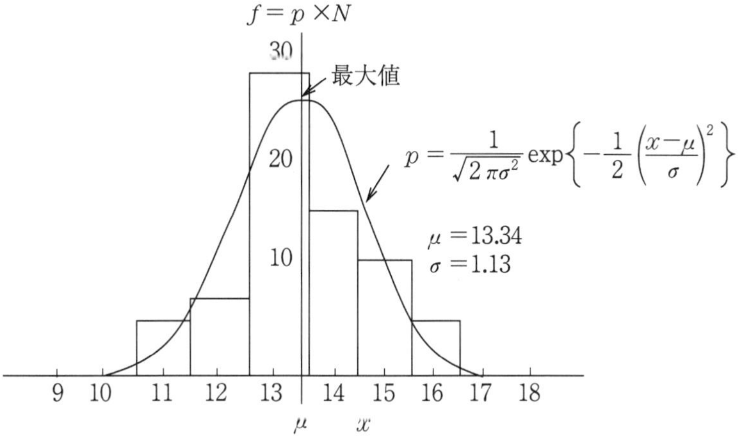

図 2.2 中和滴定のデータに関するヒストグラムと正規分布

表 2.2 表 2.1 のデータについての度数分布表

階級幅 (ml)	度　数
10.5〜11.4	5
11.5〜12.4	6
12.5〜13.4	24
13.5〜14.4	13
14.5〜15.4	9
15.5〜16.4	3
（合　計）	(60)

2.4 データの代表値

　度数分布のように生データのすべてを用いて報告する代りに，それらをまとめたある数値として表すことがよく行われる．それには，データの代表値とデータのバラツキが用いられる．

　代表値としてはモード（mode，最頻値），メジアン（median，中央値）およびミーン（mean，平均値）がある．モードとは最も出現度数の多い値を指し，表 2.2 の例では度数の最も多い階級の中央の値つまり 13.0 である．メジアンとは，データを大きさの順番に並べ，その中央に位置する数字を指し，このケースでは 13.2 と 13.3 を平均した 13.25 である．統計的に最も意味があり，かつデータ全体を代表する値として最もよく使われるのが平均値である．平均値（$\bar{x}$）はデータの総和をデータ数で割った値で，式（2.6）で定義される．なお，平均値は少数の異常なデータによって大きく変化するが，メジアンはほとんど影響されないという利点がある．

$$\bar{x} = \frac{\sum_{i=1}^{n} x_i}{n} \tag{2.6}$$

ここで，x_iは標本中の各データ，nはデータ数（大きさ）である．連続でかつ定量的なデータを取り扱う理学や工学では代表値としてはもっぱら平均値が用いられる．

表2.1のデータについて考える．ここでは，A～Lの12人が測定した各5つの測定値を標本としており，各標本の平均値$\bar{x}$をこの表に示した．また母集団と考えた全60個のデータの平均μは，式（2.6）と同様に計算され，$\mu=13.34$となった．

データのバラツキを示す尺度として，まず最大値と最小値の差で表すデータの範囲があり，表2.1の例では10.5～15.7となる．しかし図2.2で示したように，データは常に分布をもっており範囲だけでバラツキを表すことは難しい．バラツキを表す尺度としては，標本の大きさ（データ数）によらないで関連する別の標本との比較にも使えるものが望ましい．それには次式によって定義されている標本の標準偏差sがよく使われる．

$$s = \sqrt{\frac{\Sigma(x_i - \bar{x})^2}{n-1}} = \sqrt{\frac{\Sigma d_i^2}{n-1}} \tag{2.7}$$

ここで，$d_i = x_i - \bar{x}$であり，また分母の$n-1$は自由度と呼ばれる．例えば，表2.1のA君の5つの測定値（標本）について考えてみると，その平均は式（2.6）によって$\bar{x}=13.88$となる．しかし，次に式（2.7）によって標準偏差を計算する場合，既知の$\bar{x}$の値を用いるため，n個のデータのうち$n-1$個を与えれば残りの値は決まってしまう．この理由から$n-1$を自由勝手に選ぶことができるデータ数＝自由度と称する．

なお，母集団の標準偏差σは次式で定義されている．

$$\sigma = \sqrt{\frac{\Sigma(x_i - \mu)^2}{N}} \tag{2.8}$$

ここで，N はデータの総数である．表 2.1 の場合，$\sigma=1.13$ ml となる．

なお，統計学では標準偏差を 2 乗した分散 s^2 がよく使われる．しかし，我々はデータと同じ単位で表され，データの広がりあるいはバラツキを直接示すことのできる標準偏差の方を好んで用いる．

2.5 正規分布とは

標準偏差がどうしてデータのバラツキを表す尺度なのかを知るためには，正規分布について知る必要がある．

正規分布とは天才的数学者であるガウスが，測定誤差を解析する中で発見したもので，最も基本的な分布である．今まで述べてきたように，実験には誤差が必ずつきまとい，小さな誤差に比較して大きな誤差は起こりにくい．その結果，非常に多数の実験を行ったときの誤差は平均値を中心に左右対称の 1 つのピークをもつ山型に分布する．図 2.3 に $\mu=0$，$\sigma=1$ および $\sigma=2$ としたときの典型的な正規分布曲線を示す．

この連続曲線は以下の式で表される．

$$f(x) = \frac{1}{\sqrt{2\pi\sigma^2}} e^{-(x-\mu)^2/2\sigma^2} \tag{2.9}$$

ここで，母集団の平均 μ は曲線の中心を表し，母集団の標準偏差 σ は曲線の広がりを表す．指数関数にかかる $1/\sqrt{2\pi\sigma^2}$ は曲線と x 軸で囲まれた面積が 1 になるようにするための規格化係数である．式 (2.9) は $x=\mu$ のとき最大値を示し，そのときの値は $1/\sqrt{2\pi\sigma^2}$ に等しい．なお，式 (2.9) を正規 (Normal) の頭文

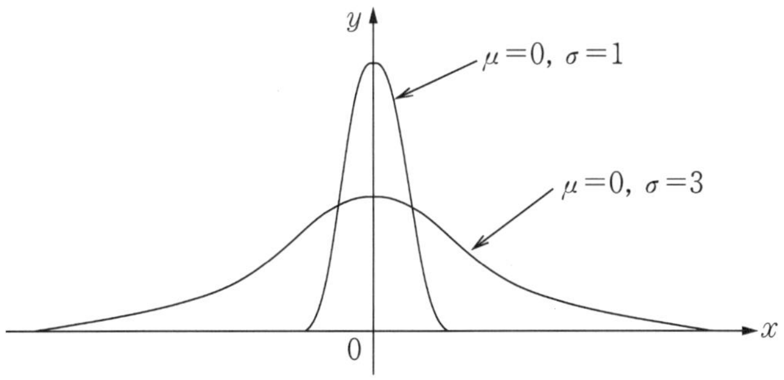

図 2.3 正規分布と標準偏差

字を使って $N(\mu, \sigma^2)$ のように記号で表すこともある．

標準偏差は真の値と測定値の偏差を表し，測定精度の定量的目安を示す．標準偏差が大きいと曲線はすそを引いた横に広がった曲線になり，逆に小さいほどデータは平均値近くに集中したシャープな形状になる．

ここで，以下の変数を定義する．

$$z = \frac{x-\mu}{\sigma} \tag{2.10}$$

z を用いて式（2.9）を書き直すと，

$$f(z) = \frac{1}{\sqrt{2\pi}} e^{-z^2/2} \tag{2.11}$$

この式は $N(0,1)$，つまり平均値がゼロで，標準偏差が1の標準正規分布関数である．なお，式（2.10）で求められる z は，実験データ x から平均値を引いた偏差を標準偏差で割った値であり基準化した偏差と呼ばれる．つまり，測定データの μ（平均値）と σ（標準偏差）がわかれば標準正規分布曲線からそのデータの正規分布が計算できる．図2.3中の曲線はそのようにして求めたものである．

図2.4に標準正規分布曲線を示す．曲線は $z=0$ を中心とする左右対称の曲線で，2つの変曲点をもち，z は $-\infty$ から $+\infty$ まで変化する．

実際のデータが正規分布からどの程度ずれているかを表す指標として，以下の歪み度（歪度（わいど））と尖り度（尖度（せんど））がある．

歪み度：基準化した偏差を3乗した合計を標本の大きさで割った値

尖り度：基準化した偏差を4乗した合計を標本の大きさで割って3を引いた値

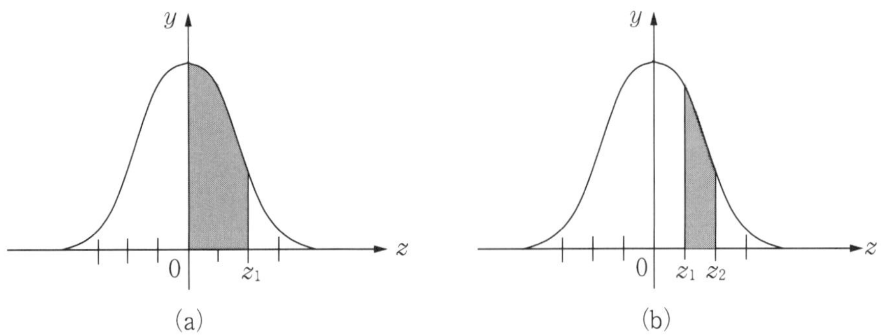

図2.4　標準正規分布曲線の積分

歪み度も尖り度も正規分布であればゼロになる．歪み度がゼロでない場合は平均値を中心とした対称性がくずれ，正の場合は平均値の右側に大きな外れ値があり，負の場合は左側に大きな外れ値があること示す．尖り度は外れ値の有無を示す値で，正の場合は左右どちらかあるいは両方に外れ値があり，負のときは正規分布よりバラツキの少ない分布である．

2.6 信 頼 区 間

1つの測定値がある範囲に入る確率は，式（2.11）を積分する（面積を求める）ことによって計算される．なお，この関数は偶関数であるので以下の積分値が求められればよい．

$$p(0 \leqq z \leqq z_1) = \frac{1}{\sqrt{2\pi}} \int_0^{z_1} e^{-z^2/2} dz \qquad (2.12)$$

$p(0 \leqq z \leqq z_1)$ は図 2.4(a) に示す灰色の面積に相当する．なお，この積分は解析的には求められないので，数値積分によって計算する必要がある．付録に z_1 と $p(0 \leqq z \leqq z_1)$ の関係の表（正規分布表）が用意されている．なお，$z \geqq 0$ の場合，図 2.4(b) に示した面積は以下の式によって求められる．

$$p(z_1 \leqq z \leqq z_2) = p(0 \leqq z \leqq z_2) - p(0 \leqq z \leqq z_1) \qquad (2.13)$$

つまり任意の範囲の積分値はこの関係式によって計算できる．なお，偶関数であるため以下の関係がある．

$$p(-z_1 \leqq z \leqq z_1) = 2p(0 \leqq z \leqq z_1) \qquad (2.14)$$

また，

$$p(-\infty \leqq z \leqq \infty) = 1 \qquad (2.15)$$

前にも述べたように標本の解析には，平均値と標準偏差が使われる．しかし，このままではこれらの値がどの程度信頼できるかはわからない．信頼性の尺度として信頼区間が用いられ，これは標本の大きさに依存する．

ここでは平均値 μ，標準偏差 σ の母集団を扱う．これは，式（2.10）による変換を行うと，その分布は式（2.11）によって表される．この母集団から大きさ n の標本を抽出すると，その標本平均が母集団の平均値の近似値を与える．つまり，有限個の標本による標本平均は母集団平均値に対してある許容限度で一致す

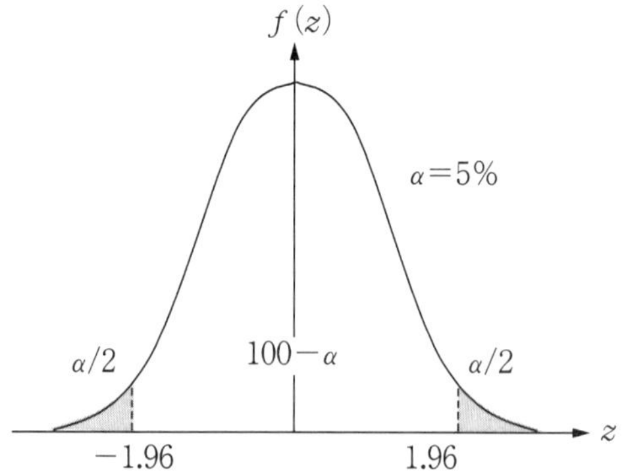

図 2.5　正規分布における信頼区間

る．許容限度は標本平均が含まれる確率によって表し，99% 以上の確率を最有意，95% 以上を有意，90% 以上を信頼できる限界とする．この場合の 0.99, 0.95, 0.90（境界値）を信頼係数といい，一般には 0.95 がよく使われる．この場合には，多数の標本を用いて平均値を計算したとき，そのうちの 95% が入る z の範囲を知ることができる．この範囲を信頼区間といい，また 1 から信頼係数を引いた値 α を危険率あるいは有意水準という．これらの関係を図 2.5 に示した．信頼係数 0.95 の場合は曲線と x 軸で囲まれた面積＝0.95 となる範囲が信頼区間になる．一方，$\alpha=5$ であり，曲線の両端に面積が $\alpha/2$ になるような領域が存在する．付録の正規分布表から $p(0\leqq z\leqq z_1)=0.475(=0.95/2)$ となる値を求めると，$z_1=1.960$ となる．つまり，95% の信頼区間は $-1.960\leqq z\leqq +1.960$ となる．3 つの各信頼係数に相当する信頼区間は以下のとおりである．

信頼係数 0.90：$-1.645 \leqq z \leqq +1.645$

信頼係数 0.95：$-1.960 \leqq z \leqq +1.960$

信頼係数 0.99：$-2.575 \leqq z \leqq +2.575$

信頼係数を 0.95 として，式(2.10) を用いて z の代りに元の測定値 x について考えると，x の信頼区間は $\mu-1.960\,\sigma\leqq x\leqq\mu+1.960\,\sigma$ となる．つまり測定した x の 95% がこの範囲に入ることを意味する．

2.7　標本平均から母平均を推定する方法

それほど多くないデータ（標本）から求められた平均 $\bar{x}$ や標準偏差 s などか

ら，母集団（真）の平均 μ や標準偏差 σ を推測するのが統計学の特色の１つである．つまり，母集団を調べる代りに，その一部のデータすなわち標本から母集団を統計的に推測するのが推計統計学である．

前出の表 2.1 によれば，全データは $N=60$ であるがこれを一応母集団と考える．そして A から L までの 12 人が測定した各 5 つずつのデータをそれぞれ標本 A から標本 L と称する．各標本の平均値 $\bar{x}_i$ および自由度 4 で計算した標準偏差 s_i は表 2.1 に併記されている．これらの各標本の $\bar{x}_i$ および s_i についてヒストグラムつまり分布を描くことができ，この分布の標準偏差を標準誤差という．

そこで，今平均値 μ，標準偏差 σ の母集団から大きさ n の標本を m 組（回）抽出することを考える．この場合，標本平均の平均値は次式で与えられる．

$$\bar{x}=\frac{x_1+x_2+\cdots+x_m}{m}=\frac{x_1+x_2+\cdots+x_N}{N}=\mu \tag{2.16}$$

また，標本平均の分散は以下の式で表される．

$$\sigma_{\bar{x}}{}^2=\frac{\Sigma s_i{}^2}{n} \tag{2.17}$$

つまり，標本平均の標準偏差（標準誤差）は次式となる．また各標本が十分大きいとすれば，$\sigma^2=\Sigma s_i{}^2$ とおくことができる．つまり，

$$\sigma_{\bar{x}}=\sqrt{\frac{\Sigma s_i{}^2}{n}}\cong\frac{\sigma}{\sqrt{n}} \tag{2.18}$$

この式は非常に重要な関係を示している．つまり，1 組当りのデータ数が n の m 組（回）の各標本の平均値の標準偏差は母集団の標準偏差の $1/\sqrt{n}$ で表される．逆に考えると，m 組（回）の平均値の標準偏差 $\sigma_{\bar{x}}$ を $\sqrt{n}$ 倍することによって母集団の標準偏差 σ を求めることができる．表 2.1 のケースでは，全データ 60 個から $\sigma=1.13$ および $\mu=13.34$ が得られる．また，大きさ $n=5$ の 12 組の標本平均の標準偏差 $\sigma_{\bar{x}}=0.883$ と計算される．なお，式 (2.17) より $\sigma/\sqrt{n}=0.505$ となる．

なお，元の母集団が正規分布でなくても平均値を集めた標本平均は正規分布を示すという中心極限定理が成立する．つまり，x が平均 μ，標準偏差 σ のある分布に従うとき，大きさ n の標本平均 $\bar{x}$ は，n が無限に大きくなるとき平均 μ，標準偏差 $\sigma/\sqrt{n}$ の正規分布に近づく．

ここで平均値 $\bar{x}$ の信頼区間を推定してみる．そのため式（2.10）と同様な変数 $\bar{z}$ を定義する．

$$\bar{z}=\frac{\bar{x}-\mu}{\sigma/\sqrt{n}} \tag{2.19}$$

もし信頼係数を 0.95 とすれば 2.6 節から

$$-1.960 \leqq \bar{z} \leqq +1.960 \tag{2.20}$$

つまり，式（2.19）および式（2.20）より，

$$\bar{x}-1.960\frac{\sigma}{\sqrt{n}} \leqq \mu \leqq \bar{x}+1.960\frac{\sigma}{\sqrt{n}} \tag{2.21}$$

これが母集団平均 μ の 95% の信頼区間を与える式である．

そこで具体的な例として表 2.1 の全データの代りに測定者 A，B のデータ 10 点を用いて，式（2.20）によって母集団平均 μ の信頼区間を推定してみる．ここで，$n=10$，$\bar{x}=13.27$，σ の代りに 10 点のデータから求めた標準偏差 $s=0.939$ を用いる．つまり，95% 信頼区間として $12.688 \leqq \mu \leqq 13.852$ が得られる．なお，当然信頼係数を 0.99 とすれば平均値の信頼区間は大きくなる．

2.8　小さい標本に対する分布曲線

平均値 μ と標準偏差 σ が適切に決まるほど標本が十分大きな場合は，今までの正規分布を用いた解析が可能であるが，数個以下の小さな標本では，それから推定した μ や σ の値の不確実さが大きくなる．そのように標本の大きさが小さい場合は，正規分布ではなく以下に述べる t 分布を用いて信頼区間を求めるのがよい．その理由は，容易に予想できるように，小さな標本から求めた平均値と標準偏差は，大きな標本から得られたものよりどうしてもバラツキが大きくなるためである．

20 世紀初頭に，アイルランドのゴセット（ギネスブックで有名なギネスビールの技術者）は次式によって定義された変数 t による t 分布が小さな標本の解析に適していることを発表した．

$$t=\frac{\bar{x}-\mu}{s/\sqrt{n}} \tag{2.22}$$

この式と式（2.10）との違いは，母集団の平均値の標準偏差を使うのではなく標

本の大きさ n の生の測定結果から得た標準偏差 s を使うことにある．

表2.1の観測者J（$n=5$）のデータを例題に95%信頼区間を求める．平均値 $\bar{x}=12.70$，標準偏差 $s=0.938$，$n=5$，これらの値を式（2.22）に代入すると $t=2.384(\bar{x}-\mu)$ が得られる．次に，付表2にある t 分布表から，自由度 $\nu=4$ $(=n-1)$，信頼係数0.95(有意水準 $\alpha=0.05$)のときの t の値を得る．つまり，$t=2.776$ となり，この場合の信頼区間は，

$$-1.1644<\bar{x}-\mu<+1.1644 \tag{2.23}$$

つまり，

$$11.1536<\mu<13.864 \tag{2.24}$$

t 分布に基づく小標本法は，これ自体は精密な方法であるが，元の変数 x が正規分布に従うという保証がなければ t 分布を用いることは正確でない．なお，t 分布は $n>30$ になると正規分布曲線にほぼ一致する．つまり，大略 $n<30$ までは t 分布を使い，それ以上では正規分布を使うことを勧める．

演 習 問 題

2.1 ある試料の有機物の含有率 X(%) をガスクロマトグラフで分析し，次の15点のデータが得られた．以下の問いに答えよ．

26.18 24.06 25.83 28.72 26.23 32.11 27.02 21.54 27.00 25.27 27.56 30.93 22.84 31.55 26.66

（1） 含有率の平均値 $\bar{x}$(%) と標準偏差 s を求めよ．

（2） 階級幅（%）を20−21，21−22，22−23，…としてデータの度数分布（ヒストグラム）を描け．

（3） 得られたヒストグラムに，$\sigma=s$，$\mu=\bar{x}$ として，式（2.9）を用いて得られる正規分布曲線を重ねて描け．

（4） 与えられたデータが正規分布に従うとして次の値を求めよ．

（a） 信頼係数=0.90としたときのデータの信頼区間

（b） 信頼係数=0.99としたときのデータの信頼区間

2.2 以下のように未知試料の濃度のデータ（モル%）が12個得られた．

23.25 25.37 24.85 26.31 27.17 25.01 29.35 26.73 25.70 28.40 25.84 26.55

（1） 平均値 $\bar{x}$ と標準偏差 s を求めよ．

（2） データを順番に2つずつに区切り，その平均値を求めると6個の値が得られる．その平均値の標準偏差を求めよ．

（3） データを順番に 3 つずつに区切ると平均値が 4 個得られる．(2) と同様に，その平均値と標準偏差を求めよ．

（4） 式 (2.18) を用いて，(2) と (3) で得られた各標準偏差 σ を用いて平均値の標準偏差を計算し，(1) の標準偏差 s と比較せよ．

2.3 ある混合気体中のメタンのモル% を測定し，以下のデータを得た．

25.63　25.42　25.67　25.38　25.54

（1） 平均値 $\bar{x}$ と標準偏差 s を求めよ．

（2） t 分布を仮定して，信頼係数 0.95 のときの平均値の信頼区間を求めよ．

3. 式による実験データの当てはめ

本章では，実験データのようにもともと誤差の避けられない（誤差を必ず含む）データ（数値）を対象とする．ここでは，すべてのデータ点を通るのではなく，与えられたデータの全体的な傾向をよく表す滑らかな関係（式あるいはモデル）を求める方法について説明する．このように，データに合った滑らかな関係を求めることを曲線の当てはめ（curve fitting）という．以下では，主に最小2乗法による曲線の当てはめについて述べる．

3.1 データの解析

2つあるいはそれ以上の変数に関する測定データあるいは収集した値があったとする．その場合，変数と変数の間にある特別な関係が存在あるいは想定できることがよくある．そして，この関係を統計的および数学的に明らかにして，いろいろな目的に対して役立てることが要望される．この一連のプロセスをデータの解析と呼ぶ．

a. 解析の目的

データ解析の主な目的は，誤差をもつデータの中から真の値を統計的に推定し，変数間に存在する真の関係（式）を解明することである．この場合の関係を，自然科学では理論，統計学では構造と称する．データ解析は，自然科学では理論を解明するために用いられ，一方，社会科学や人文科学の分野では得られた結果はしばしば予測，制御，最適化，意思決定のために使われる．

b. データの種類

社会科学や人文科学ではアンケートの回答のように非数量的なデータを扱うことが多いが，本章ではもっぱら自然科学で扱われるような数量（デジタル）データを対象とする．データには化学スペクトルデータのようなアナログデータも含まれるが，ここでの対象はデジタルデータである．

c. 式（モデル）による分類

理学や工学の分野では，理論的根拠に基づいた理論式と単に実験データを表現するために求めた実験式とが用いられる．また，両者の中間的なものとして半理論式あるいは半経験式がある．例えば，物理学における物体の自由落下（ガリレオ・ガリレイ）の式は自然法則に基づく理論式であり，また多くのデータから作成した人間の体重と身長の関係を表す式は単なる実験式である．前者は構造的モデル，後者は非構造的モデルともいう．

式に含まれる独立変数 x と従属変数 y の間の数学的な関係によって，線形モデルと非線形モデルがある．つまり，測定データ y と，独立変数 x の関係を表す式が線形（1次）あるいは非線形であるかによって区別する．しかし，曲線の当てはめ，つまり「最小2乗法」を用いる場合には，x と y の関係式が線形であるか否かではなくて，式中に含まれる複数のパラメータに関して線形か非線形，かが重要となる．例えば，2次式（$y=a+bx+cx^2$）による当てはめでは，この式は x については非線形式であるが，パラメータ a，b，c については線形であるため，このケースは「線形最小2乗法」となる．後で述べるように，線形最小2乗法では，パラメータについての線形連立方程式を解くことによって，直ちに a，b，c が簡単に求まる．しかし，パラメータに関して非線形な式（例えば $y=a-b/(x+c)$）では，パラメータ a，b，c に関する非線形連立方程式を解くために，特別な繰返し計算が必要となる．なお，一般に教科書などで取り扱っている最小2乗法は，とくに断らない限り線形最小2乗法である．

d. データ解析の手順

通常は以下の手順を繰り返す．① できるだけ精度のよいたくさんのデータを集める，② 変数間の関係を表す式あるいはモデルを設定（仮定）する，③ 測定値と式による推定（計算）値ができるだけよく合うように式中のパラメータを調節する，④当てはめの結果を調べ，必要であれば②に戻り式を修正する．場合によっては①に戻りデータの吟味を行い，②以下の手順を繰り返す．なお，自然科学におけるデータ解析の中心的な目的は，実験データに基づいて真の y の値を推定することである．つまり，データから式中の最適なパラメータを求め，あわせてその信頼性を統計的に示すことである．

e. 最適なパラメータを求める方法

自然科学の分野における実験データから最適なパラメータを得る方法として，最小2乗法と最良近似（ミニマックス）法が代表的である．中でも，最小2乗法が最もよく用いられる．その原理は次式で表した「残差の2乗和 S」を最小にするようなパラメータを求めることである．

$$S = \sum\{(\text{式による推定値}) - (\text{実験値})\}^2$$

一方，最良近似法とは，式の適用範囲内における残差（=式による計算値−実験値）の絶対値の最大値を最小にする方法である．そのようにして得た式を最良近似（ミニマックス）式という．どちらかというと，式を固定せず対象とするデータをできるだけよく表すように式（モデル）を求めるときに主に使われる．

しかし，自然科学における曲線の当てはめの目的は，多くのデータをもとに真の値を推定することである．そのためには取扱いが簡単で統計的な根拠が明白な最小2乗法が最も適している．

3.2 式あるいはモデルの設定

曲線の当てはめを成功させるための前提条件は，データを表す適当な式あるいはモデルの設定ができるかどうかである．式（モデル）は，実際の複雑な現象や状況の本質をつかみ，かつ単純化し，理論的な扱いを容易にしたものでなければならない．式には必ず複数の調整可能な未知のパラメータを含んでいる．なお，理論的研究では，あらかじめ当てはめるべき理論式が既に与えられている，あるいは知られていることも多い．

以下では，いくつかの有用な式の作成法あるいは推定法について説明する．

a. グラフによる推定

データをグラフにプロットすることはとても有用である．例えば，プロットによって実験の精度（データのバラツキ）がわかり，また次に実験すべき点も教えてくれる．さらに，少し経験をつめば，そのプロットからデータ全体にフィットした式やモデルの形を推定することもできる．

ここで，例として3つのケースを図3.1〜3.3に示す．このような図は散布図と呼ばれる．図3.1では，データは直線でよく近似できそうである．また，図3.2のデータのプロットからは，x と y の間には直線でなく別の非線形の関係がありそうである．図3.3のような散布図では両変数の間には何の関係もないことが推定できる．なお，以下では x, y についての数値データは大文字の X, Y によって表す．

2つの変数 x と y の間にどの程度の直線相関性があるかを示すために，次式で示すデータの直線相関係数 r が用いられる．

$$r = \frac{S_{xy}}{\sqrt{S_{xx}}\sqrt{S_{yy}}} \tag{3.1}$$

ここで $S_{xy}=\sum(X-\bar{X})(Y-\bar{Y})$, $S_{xx}=\sum(X-\bar{X})^2$, $S_{yy}=\sum(Y-\bar{Y})^2$ である．$\bar{X}$，$\bar{Y}$ はそれぞれ X と Y の算術平均（重心）である．図3.4には様々な散布図とそのときの相関係数の値を示す．このように $-1 \leqq r \leqq 1$ であり，その値によって定性的であるが以下のように x と y の間の直線相関性を知ることができる．

① $r=1$：x と y はよい正の直線相関が存在する．

② $r=0$：x と y はまったく直線相関性がない（無相関）．

③ $r=-1$：x と y はよい負の直線相関が存在する．

④ $0.7 \leqq r \leqq 1$：x と y はある程度の正の直線相関がある．

⑤ $-1 \leqq r \leqq -0.7$：x と y はある程度の負の直線相関がある．

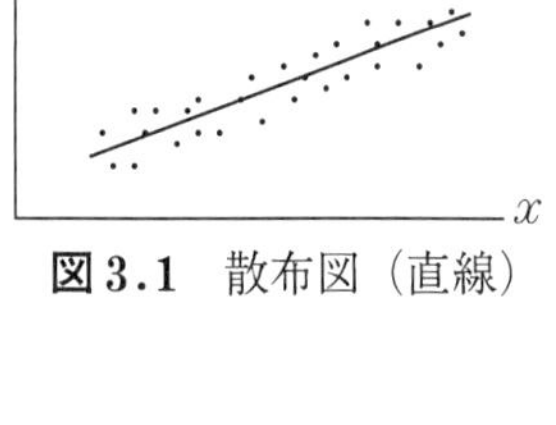

図3.1　散布図（直線）

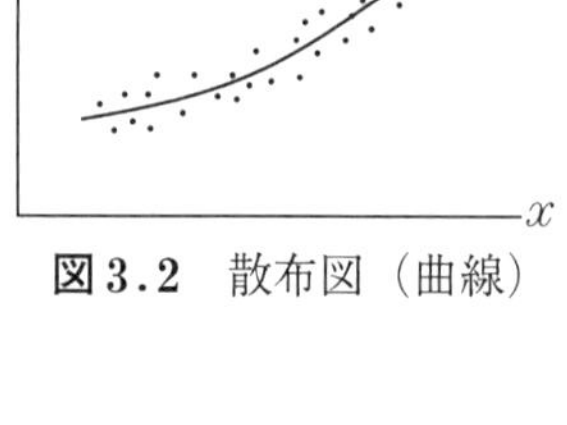

図3.2　散布図（曲線）

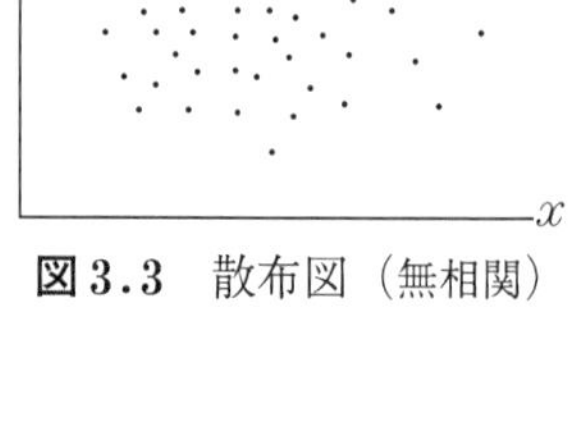

図3.3　散布図（無相関）

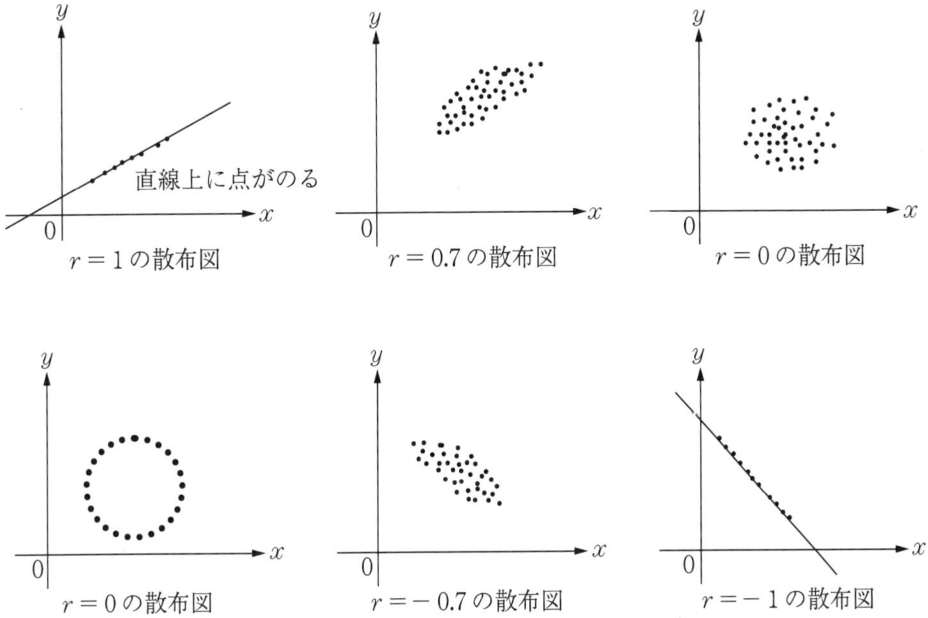

図 3.4　散布図と線形相関係数

なお，注意しなければならないのは式（3.1）で示したように，x-y 間の直線相関係数 r はデータ（X, Y）のみから計算され，最小2乗法などで計算される y の推定値などはまったく含まれていないことである．つまり，線形相関係数 r は元のデータに関して x-y 間の直線相関性を示すだけで，後で述べる決定係数 R^2 とはまったく異なるものである．

上記の散布図では X と Y のデータをそのままプロットしたが，例えば図3.2のように x と y の間に非線形の関係がある場合には変数変換してグラフを描くことによって，直線関係が得られることがある．例えば，$\ln(Y-a)$ 対 $\ln X$ のグラフが直線になれば，近似式としては $y=a+bx^c$ の関係が示唆される．同様

表 3.1　直線関係を得るための種々のプロット

y 軸：x 軸（変数変換）	傾き	想定される関数形	備考
x：y または $(y-a)$：x	b	$y=a+bx$	y 切片＝a
$\ln y$：$\ln x$	n	$y=ax^n$	$x=1$ で $\ln y=\ln a$
$\ln(y-a)$：$\ln x$	n	$y=a+bx^n$	
$\ln y$：x	b	$y=ae^{bx}$	
$(y-a)$：$1/x$	b	$y=a+b/x$	
$1/y$：$1/x$	$1/a$	$y=x/(a+bx)$	

な例について表 3.1 に示す．

b．次元解析

次元解析とは，対象とする物理現象に関与する変数をすべて取り上げ，複数の変数をまとめた無次元項によって式化し，変数間の関係を解明する手法である．とくに関与する変数の数が多いときには非常に有効な方法である．なお，得られる式は理論式であり，化学工学などで扱う複雑な物理現象などの解析には非常に有用な方法である．

次元解析は以下の π 定理に基づく．つまり，「現象に関与する変数の数を n，変数に含まれる次元の数を m とすれば，変数間の関係は $n-m$ 個の無次元項によって表される」．

実際の手順は以下のようにして行う．

① 現象に関与する全変数をピックアップする．

② 今変数を $A, B, C, D, \cdots$ として，変数間に以下のような指数式が成立すると仮定する．

$$A = K(B)^a(C)^b(D)^c\cdots \tag{3.2}$$

ここで，K は定数．

③ 上式で，変数に次元を入れて両辺の次元が等しくなるように，指数 $a, b, c, \cdots$ を決定する．

④ その結果を整理して，$n-m$ 個の無次元項にまとめる．

以下では，例を用いて次元解析を説明する．

【例 3.1】 管の中を水や空気のような流体が流れている．その場合に，流れの現象に関与する変数は，管の内径 D，流体の平均流速 u，流体の密度 ρ，流体の粘度 μ の 4 つである．次元解析によって流れの現象を表す式を求めよ．

【解】 ここで次元として質量（M），長さ（L）および時間（T）を考える．そこで，各変数の次元を考えると，D は L，u は LT^{-1}，ρ は ML^{-3}，μ は $ML^{-1}T^{-1}$ でそれぞれ表される．次に，式（3.2）と同様に，以下の指数式を仮定する．

$$u = K(D)^a(\rho)^b(\mu)^c \tag{3.3}$$

各変数の次元を入れて整理すると，

$$[LT^{-1}] = K[L]^a[ML^{-3}]^b[ML^{-1}T^{-1}]^c \tag{3.4}$$

つまり，

$$[LT^{-1}] = K[L]^{a-3b-c}[M]^{b+c}[T]^{-c} \tag{3.5}$$

ここで，両辺の次元が等しくなるためには，L，M，T について以下の式が成立しなければならない．

$$\begin{aligned} &L \text{ について}：1 = a-3b-c \\ &M \text{ について}：0 = b+c \\ &T \text{ について}：-1 = -c \end{aligned} \tag{3.6}$$

式 (3.6) を解くと，$a=-1$，$b=-1$，$c=1$ となる．この値を式 (3.3) に代入して整理すると，

$$K = \frac{Du\rho}{\mu} \ (= 一定) \tag{3.7}$$

となる．式 (3.7) の右辺 $Du\rho/\mu$ は次元をもたない無次元項である．つまり，π 定理により $n-m=4-3=1$ となり，与えられた流れに関する現象は，式(3.7) によって 1 つの無次元項で表現される．なお，式(3.7) の無次元項は円管内を流れる流体の状態を表すのに有用なレイノルズ数 (Re) であり，流体力学や化学工学において非常に重要な無次元数（項）の 1 つである．■

3.3　最小 2 乗法の原理

a.　問題の設定

今，x と y の間にある関数関係が存在すると仮定する．また，一連の n 個の測定データを x と y の大文字を用いて，(X_1, Y_1)，(X_2, Y_2)，…，(X_n, Y_n) と表す．ここで，X は規定された測定条件（数学的には独立変数），Y は実験誤差をもつ測定値（数学的には従属変数）であり，添え字は測定番号である．

つまり，Y には誤差があるが，それに比べて X の実験誤差は非常に小さく無視できると仮定する．なお，X の誤差も考慮して行う最小 2 乗法もあるがここでは触れない．

今データ Y_i の真の値を Y_i^0 とし，各測定値は，各々の測定条件に対応して，実験の誤差分布を有する．真の値 Y_i^0 は誰も知ることができないが，その値を与える真のモデルが存在し，パラメータ β_j^0 ($\beta_1^0, \beta_2^0, \beta_3^0, \cdots, \beta_p^0$) が存在すると仮定する．つまり，真の値 Y_i^0 は真の関係式 f^0 によって次式のように表せる．

$$Y_i^0 = f^0(X_1, X_2, X_3 \cdots, X_n\ ;\ \beta_1^0, \beta_2^0, \beta_3^0, \cdots, \beta_p^0) \tag{3.8}$$

ここで，“曲線の当てはめ”とは，以上のような前提の下に，測定値 ($= Y_1, Y_2,$

$Y_3, \cdots, Y_n$）とその誤差分布 σ_i を用いて，できるだけ真の値 Y_i^0 に近い値を与える式 f^0 とそれに含まれる最適なパラメータ β_j（$\beta_1, \beta_2, \beta_3, \cdots, \beta_p$）のそれぞれの最適解を求めることに相当する．

次に問題となるのは，最適の条件を明白にして，それを満足させるパラメータの推定（計算）法である．また，パラメータの推定値の信頼性についても調べる必要がある．

b.　最小2乗法の原理

自然科学における測定値は一般に以下の性質をもっている．

① 測定値の誤差 ε_i（$= Y_i - Y_i^0$）には偏りがない（誤差分布の平均値はゼロ）．

② 大きな誤差は小さな誤差より起こりにくい．

③ 各測定は独立である．

このような性質をもつ実験データの誤差は次式で示す正規分布（ガウス分布）によって表される．

$$P(\varepsilon_i) = \frac{1}{\sqrt{2\pi\sigma_i^2}} \exp\{-\varepsilon_i^2/2\sigma_i^2\} \quad (i = 1 \sim n) \tag{3.9}$$

ここで，σ_i^2 は真の分散であり，式中の p 個のパラメータの推定値を（$\beta_1, \beta_2, \beta_3, \cdots, \beta_p$）とし，この値を用いて計算される推定値を y_i とする．つまり，

$$y_i = f(X_1, X_2, X_3 \cdots X_n ; \beta_1, \beta_2, \beta_3, \cdots, \beta_p) = f(\beta_1, \beta_2, \beta_3, \cdots, \beta_p) \tag{3.10}$$

ここで，各計算値 y_i の出現確率（尤度）は，

$$L(y_i \backslash Y_i) = \frac{1}{\sqrt{2\pi\sigma_i^2}} \exp\{-(Y_i - y_i)^2/2\sigma_i^2\} \tag{3.11}$$

となる．つまり，すべての推定値（$y_1, y_2, y_3, \cdots, y_n$）に対する全（同時）出現確率はその積として，次式となる．

$$L_{\mathrm{all}} = \prod_{i=1}^{n} L(y_i \backslash Y_i) = \frac{1}{\sqrt{(2\pi)^n \sigma_1^2 \cdots \sigma_n^2}} \exp\left(-\frac{1}{2}\sum_{i=1}^{n} \frac{(Y_i - y_i)^2}{\sigma_i^2}\right) \tag{3.12}$$

ここで，σ_i^2 が全部のデータで一定とすれば，この式は

$$L_{\mathrm{all}} = \left(\frac{1}{\sqrt{2\pi\sigma_i^2}}\right)^n \exp\left(-\frac{1}{2\sigma_i^2}\sum_{i=1}^{n} v_i^2\right) \tag{3.13}$$

となる．ここで，v_i は残差と呼ばれ，

$$v_i = Y_i - y_i = Y_i - f(\beta_1, \beta_2, \beta_3, \cdots, \beta_p) \tag{3.14}$$

である．

最尤度法とは，式(3.13) で表された尤度 L_{all} を最大にするパラメータの推定値（$\beta_1, \beta_2, \beta_3, \cdots, \beta_p$）を求めることである．そこで結局，式（3.13）の右辺を最大にするためには，指数項中の $\sum_{i=1}^{n} v_i^2 (=S)$ を最小にする，

$$S(\beta_1, \beta_2, \beta_3, \cdots, \beta_p) = \sum_{i=1}^{n} [Y_i - f(\beta_1, \beta_2, \beta_3, \cdots, \beta_p)]^2 = \min \tag{3.15}$$

という条件に達する．

つまり，式（3.15）が最小 2 乗法の原理を表している．その名前が示すように，最小 2 乗法とは，実験データと推定値の残差の 2 乗和 S を最小にするパラメータ（$\beta_1, \beta_2, \beta_3, \cdots, \beta_p$）の値を求めることを意味する．

なお，式（3.15）に式（3.14）を代入すると，

$$S(\beta_1, \beta_2, \beta_3, \cdots, \beta_p) = \sum_{i=1}^{n} (v_i)^2 = \min \tag{3.16}$$

次に示す図 3.5 について考えてみる．ここで，最小 2 乗法によって得られた関係を曲線で表す．与えられた x に対し，対応する測定値 Y と最小 2 乗推定値 y の差が垂直な線で表した残差 v_i であり，その差の 2 乗和を最小にするのが最小 2 乗法である．

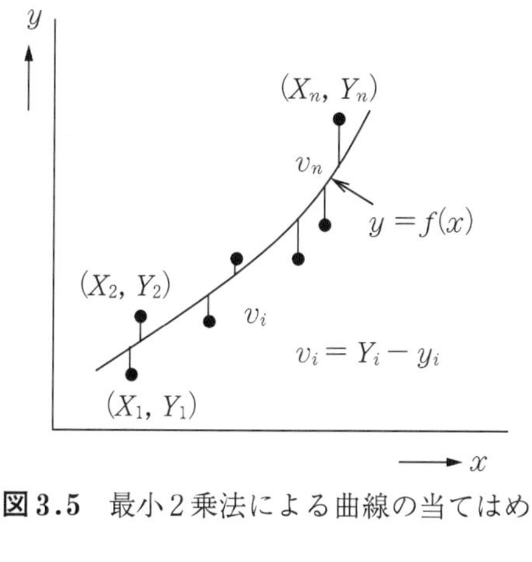

図 3.5 最小 2 乗法による曲線の当てはめ

3.4 線形最小 2 乗法

3.1 節の c 項で述べたように，最小 2 乗法では式あるいはモデルに含まれるパラメータについてそれらが線形か否かによって計算法が非常に異なる．ここでは，パラメータに関して線形である線形最小 2 乗法について取り上げる．

次式は，パラメータ β_j に関して線形な一般式である．

$$y = \sum_{j=1}^{p} \beta_j W_j(x) \tag{3.17}$$

ここで，β_j は調節可能なパラメータであり，$W_j(x)$ は x のみの関数であり x に関して線形でも非線形であってもよい．なお，ここでは X はデータを，x はモデルから計算される独立変数の値を示すが，X には誤差がないため $X=x$ となる．

例をあげれば，以下のような式はすべて線形最小 2 乗法の対象になる．

$$y = \beta_1 + \beta_2 x + \beta_3 x^3 + \beta_4 x^{1/3} + \beta_5 x^{2/3} \tag{3.18}$$

$$y = \beta_1 + \frac{\beta_2}{x} + \frac{\beta_3}{x^2} \tag{3.19}$$

$$y = \beta_1 + \beta_2 \log x + \beta_3 x^{1/3} \tag{3.20}$$

そこで，式(3.17) を式 (3.14) に代入すると，

$$v_i = Y_i - \sum_{j=1}^{p} \beta_j W_j(x_i) \tag{3.21}$$

さらに式 (3.16) を用いると，

$$S(\beta_1, \beta_2, \cdots, \beta_p) = \sum_{i=1}^{n} \left(Y_i - \sum_{j=1}^{p} \beta_j W_j(x_i) \right)^2 = \min \tag{3.22}$$

つまり，

$$S(\beta_1, \beta_2, \cdots, \beta_p) = \sum_{i=1}^{n} [\, Y_i - \beta_1 W_1(x_i) - \beta_2 W_2(x_i) \cdots \beta_p W_p(x_i)]^2 \tag{3.23}$$

ここで，データ（$Y_1, Y_2, Y_3, \cdots, Y_n$）をこの式に代入すれば，式 (3.22) あるいは式 (3.23) は β_i のみの関数 S となる．そこで，S を最小とするように β_i を決める．式 (3.23) を開けば，それは β の 2 次式でかつ 2 次の項の係数は正である．それゆえ，式 (3.23) の右辺を最小にするためには，この式を $\beta_1 \sim \beta_p$ に

ついて偏微分し，それらがすべてゼロとなる $\beta_1 \sim \beta_p$ を求めればよい．つまり，

$$\frac{\partial S}{\partial \beta_1} = -2\sum_{i=1}^{n} W_1(x_i)\,[\,Y_i - \beta_1 W_1(x_i) - \beta_2 W_2(x_i) \cdots \beta_p W_p(x_i)\,] = 0$$

$$\frac{\partial S}{\partial \beta_2} = -2\sum_{i=1}^{n} W_2(x_i)\,[\,Y_i - \beta_1 W_1(x_i) - \beta_2 W_2(x_i) \cdots \beta_p W_p(x_i)\,] = 0$$

$$\cdots$$

$$\frac{\partial S}{\partial \beta_p} = -2\sum_{i=1}^{n} W_p(x_i)\,[\,Y_i - \beta_1 W_1(x_i) - \beta_2 W_2(x_i) \cdots \beta_p W_p(x_i)\,] = 0 \qquad (3.24)$$

さらにこの式を変形すると，

$$\beta_1 B_{11} + \beta_2 B_{12} + \cdots + \beta_p B_{1p} = b_1$$

$$\beta_1 B_{21} + \beta_2 B_{22} + \cdots + \beta_p B_{2p} = b_2$$

$$\cdots$$

$$\beta_1 B_{p1} + \beta_2 B_{p2} + \cdots + \beta_p B_{pp} = b_p \qquad (3.25)$$

ここで，$W_{ji} = W_j(x_i)$ とすると，

$$B_{jj'} = \sum_{i=1}^{n} W_{ji} W_{j'i} \quad (j = 1 \sim p,\ \ j' = 1 \sim p) \qquad (3.26)$$

$$b_j = \sum_{i=1}^{n} W_{ji} Y_i \quad (j = 1 \sim p) \qquad (3.27)$$

である．つまり，式（3.25）の係数 $B_{jj'}$ および b_j はすべてデータである X と Y から計算できる．式（3.25）の p 元連立方程式を正規方程式と呼び，この式の解が求める最小 2 乗法のパラメータ $\beta_1, \beta_2, \cdots, \beta_p$ となる．

3.5　当てはめの度合いの評価

最小 2 乗法によって得られた推定値 y_i が測定値をどの程度よく再現しているか，つまり当てはめの度合いを表すために，標準誤差あるいは標準偏差および決定係数がよく使われる．

a.　標 準 誤 差

ある与えられた x の値に対して最小 2 乗法によって推定された値を y で表すと，その標準誤差は以下の式によって与えられる．

$$標準誤差 = \sqrt{\frac{\sum_{i=1}^{n}(Y_i - y_i)^2}{n}} \tag{3.28}$$

なお，標準誤差は推定値 y の RMS（root mean square）とも呼ばれる．

b. 標準偏差

a 項と同様に，与えられた x の値に対して最小 2 乗法によって推定された値を y で表すと，（不偏）標準偏差 SD は以下の式で表される．

$$\mathrm{SD} = \sqrt{\frac{\sum_{i=1}^{n}(Y_i - y_i)^2}{n - N_f}} \tag{3.29}$$

ここで，$n - N_f$ は用いた式（モデル）の自由度と呼ばれ，1 次式では $N_f = 2$，2 次式では $N_f = 3$，n 次式では $N_f = n+1$ となる．つまり，式（3.28）と式（3.29）より標準偏差＞標準誤差であるが，データ数 n が大きくなれば両者は一致する．いずれにしても，それらの値が小さいほど曲線（式）の当てはめの程度はよいことを意味する．

c. 決定係数

決定係数 R^2 は以下のように表される．

$$R^2 = \frac{\sum_{i=1}^{n}(y_i - \overline{Y})^2}{\sum_{i=1}^{n}(Y_i - \overline{Y})^2} = \frac{説明変動}{全変動} \tag{3.30}$$

ここで $\overline{Y}$ は Y の平均値（重心）である．つまり，

$$\overline{Y} = \frac{\sum_{i=1}^{n} Y_i}{n} \tag{3.31}$$

式（3.30）の分子は説明変動といい，その分母は全変動という．図 3.6 に示すように，分子の説明変動は Y の重心 $\overline{Y}$ から最小 2 乗曲線値 y までの距離の 2 乗和であり，分母の全変動は Y の重心 $\overline{Y}$ と各データ Y までの距離の 2 乗和である．

また，この式（3.30）は以下のように変形される．

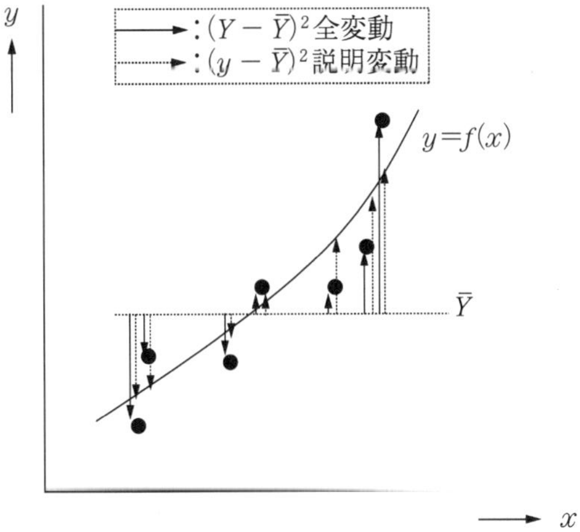

図 3.6　全変動と説明変動

$$R^2=\frac{\sum_{i=1}^{n}(Y_i-\bar{Y})^2-\sum_{i=1}^{n}(Y_i-y_i)^2}{\sum_{i=1}^{n}(Y_i-\bar{Y})^2}=1-\frac{\sum_{i=1}^{n}(Y_i-y_i)^2}{\sum_{i=1}^{n}(Y_i-\bar{Y})^2}$$

$$=1-\frac{\text{非説明変動}}{\text{全変動}} \tag{3.32}$$

式（3.32）からもわかるように，全変動＝説明変動＋非説明変動の関係がある．ここで，

$$\text{非説明変動}=\sum_{i=1}^{n}(Y_i-y_i)^2 \tag{3.33}$$

つまり，測定値と推定値の 2 乗和（非説明変動）がゼロになれば，式（3.32）より $R^2=1$ となる．言い換えると，決定係数 R^2 が 1 に近ければ近いほど，最小 2 乗曲線の当てはめの程度が優れている．つまり，$R^2=1$ では実験値と推定値が完全に一致する．

3.6　最小 2 乗法の応用

ここでは，最もよく用いる x の 1 次式および 2 次式について，最小 2 乗法の実際の計算法について取り上げる．なお，最小 2 乗法によるデータの処理はしばしば回帰といい，得られた曲線を回帰曲線という．

a. 1次式（直線回帰）

1次式を用いる直線回帰は最も多用される．例えば，x と y のままでは1次式で表せなくても，前に示した表3.1のように対数や逆数などをとることによって直線関係が得られることも多い．

直線回帰では，以下の1次式を考える．

$$y = a + bx \tag{3.34}$$

ここで，$W_1=1$，$W_2=x$，$\beta_1=a$，$\beta_2=b$ として，式（3.23）に代入すると，

$$S = \sum_{i=1}^{n}(Y_i - y_i)^2 = \sum_{i=1}^{n}(Y_i - a - bX_i)^2 \tag{3.35}$$

さらに式（3.24）に代入すると，

$$\frac{\partial S}{\partial a} = -2\sum_{i=1}^{n}(Y_i - a - bX_i) = 0$$

$$\frac{\partial S}{\partial b} = -2\sum_{i=1}^{n}X_i(Y_i - a - bX_i) = 0 \tag{3.36}$$

さらに式（3.36）を変形すると，以下の正規方程式が得られる．

$$a\sum + b\sum X_i = \sum Y_i$$

$$a\sum X_i + b\sum X_i^2 = \sum X_i Y_i \tag{3.37}$$

なお，式（3.37）において $\sum k_i = \sum_{i=1}^{n} k_i$ である（以下も同じ）．

この式を a と b について解けば，以下のように最小2乗直線の切片と勾配が求められる．

$$a = \frac{\sum Y_i \sum X_i^2 - \sum X_i \sum X_i Y_i}{n\sum X_i^2 - (\sum X_i)^2}, \qquad b = \frac{n\sum X_i Y_i - \sum X_i \sum Y_i}{n\sum X_i^2 - (\sum X_i)^2} \tag{3.38}$$

また，勾配 b は以下の式からも計算できる．

$$b = \frac{\sum(X_i - \bar{X})(Y_i - \bar{Y})}{\sum(X_i - \bar{X})^2} \tag{3.39}$$

ここで，$\bar{X}$ は X の平均値（$\bar{X} = \sum X_i/n$）である．なお，1次式ではパラメータが2つあるため，式（3.29）中の標準偏差を計算する場合の N_f は2である．つまり，

$$\mathrm{SD} = \sqrt{\frac{\sum_{i=1}^{n}(Y_i - y_i)^2}{n-2}} \tag{3.40}$$

b. 2　次　式

2次式である次式を考える.

$$y = a + bx + cx^2 \tag{3.41}$$

最小にすべき関数 S は以下のようになる.

$$S = \sum_{i=1}^{n} (Y_i - y_i)^2 = \sum_{i=1}^{n} (Y_i - a - bX_i - cX_i^2)^2 \tag{3.42}$$

ここで，直線回帰と同様に S を a, b, c について偏微分してそれぞれをゼロとおくと，次式の正規方程式が得られる.

$$\begin{aligned} a\sum + b\sum X_i + c\sum X_i^2 &= \sum Y_i \\ a\sum X_i + b\sum X_i^2 + c\sum X_i^3 &= \sum X_i Y_i \\ a\sum X_i^2 + b\sum X_i^3 + c\sum X_i^4 &= \sum X_i^2 Y_i \end{aligned} \tag{3.43}$$

この式を a, b, c について解けば最小2乗曲線が求められる．なお，2次式ではパラメータが3つあるため，式 (3.29) 中の N_f は3とする．つまり，標準偏差は以下の式から計算する.

$$\mathrm{SD} = \sqrt{\frac{\sum_{i=1}^{n} (Y_i - y_i)^2}{n-3}} \tag{3.44}$$

【例 3.2】　次の表のデータについて，(a) x を独立変数，y を従属変数として，(b) y を独立変数，x を従属変数として，それぞれ最小2乗直線を求め，さらに直線相関係数 r，標準誤差 RMS，標準偏差 SD および決定係数 R^2 を計算せよ.

x	1	3	4	6	8	9	11	14
y	1	2	4	4	5	7	8	9

【解】

（a）　直線の方程式を $y = a + bx$ とすると，正規方程式は，

$$\begin{aligned} a\sum + b\sum X_i &= \sum Y_i \\ a\sum X_i + b\sum X_i^2 &= \sum X_i Y_i \end{aligned}$$

そこで，この式の各項を求めるために，次のページの表のように計算を行った．なお，最下段は各列の総和である.

これらの値を代入すると，正規方程式は

$$\begin{aligned} 8a + 56b &= 40 \\ 56a + 524b &= 364 \end{aligned}$$

この式を解くと，$a = 0.545$，$b = 0.636$ となった．つまり，この場合の最小2乗直線は，$y = 0.545 + 0.636x$ となる.

直線相関係数 r は式（3.1）から求める．つまり，

X	Y	X^2	XY	Y^2	y_{cal}	$(Y-y_{cal})$	$(Y-y_{cal})^2$
1	1	1	1	1	1.181	−0.181	0.03276
3	2	9	6	4	2.453	−0.453	0.20521
4	4	16	16	16	3.089	0.911	0.82992
6	4	36	24	16	4.361	−0.361	0.13032
8	5	64	40	25	5.633	−0.633	0.40069
9	7	81	63	49	6.269	0.731	0.53436
11	8	121	88	64	7.541	0.459	0.21068
14	9	196	126	81	9.449	−0.449	0.20160
$\Sigma=56$	$\Sigma=40$	$\Sigma=524$	$\Sigma=364$	$\Sigma=256$		$\Sigma=0.024$	$\Sigma=2.5455$

$$r=\frac{S_{xy}}{\sqrt{S_{xx}}\sqrt{S_{yy}}}$$

ここで，$S_{xy}=\sum(X-\bar{X})(Y-\bar{Y})$，$S_{xx}=\sum(X-\bar{X})^2$，$S_{yy}=\sum(Y-\bar{Y})^2$，また $\bar{X}$，$\bar{Y}$ はそれぞれ X と Y の算術平均（重心）である．上の表から，$\bar{X}=7$，$\bar{Y}=5$，また $S_{xy}=84$，$S_{xx}=132$，$S_{yy}=56$ と計算される．つまり，$r=0.97701$ となる．同様にして，標準誤差，標準偏差は以下のようになる．

$$\text{標準誤差(RMS)}=0.56408$$
$$\text{標準偏差(SD)}=0.65134$$

さらに，決定係数 R^2 は式（3.32）から求める．つまり，

$$\text{決定係数}(R^2)=0.95454$$

（b）y を独立変数，x を従属変数とするため，直線の方程式は $x=c+dy$ とし，その正規方程式は，

$$c\sum+d\sum Y_i=\sum X_i$$
$$c\sum Y_i+d\sum Y_i^2=\sum Y_iX_i$$

つまり，

$$8c+40d=56$$
$$40c+256d=364$$

この式を解くと，$c=-0.50$，$d=1.50$ となる．つまり，$x=-0.50+1.50y$ となる．書き換えると，$y=0.333+0.667x$ となる．この式と（a）で求めた式（$y=0.545+0.636x$）はかなり異なっている．このように，独立変数と従属変数を入れ替えることによって，得られる最小2乗直線の結果は異なる．なお，2本の直線は重心（7, 5）で交点をもつ．そこで，（b）で得られた $y=0.333+0.667x$ から求めた値を y_{cal} として，y についての標準誤差，標準偏差および決定係数を求めると，

$$\text{標準誤差(RMS)}=0.57764$$
$$\text{標準偏差(SD)}=0.66701$$

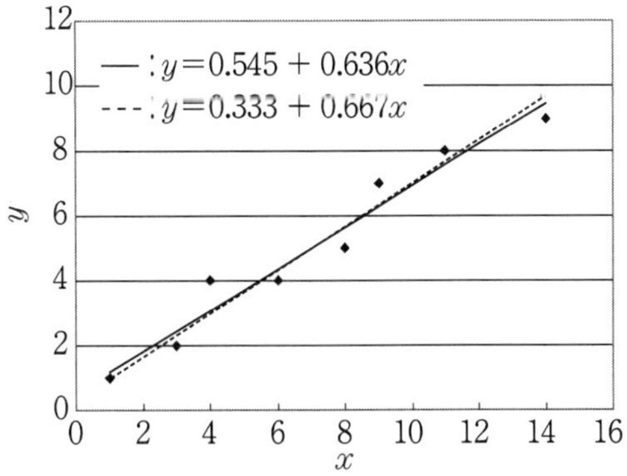

図 3.7 最小 2 乗直線

$$決定係数(R^2) = 0.95233$$

なお，直線相関係数はその定義（式（3.1））から (a)，(b) とも同じ，r=0.97701 である．

ここで，(a) と (b) の場合の最小 2 乗直線の当てはめの程度を比較してみる．その結果を図 3.7 に示した．標準誤差，標準偏差はともに (a) の方が小さく，また決定係数は (a) の方が 1 に近いことから，(b) より (a) の方が与えられた X，Y のデータをよりよく表していることがわかる．なお，化学などで行う実験では，この例題のように独立変数と従属変数を交換することはできないことが多いが，x，y のどちらを独立変数としてもよいケースでは，この例のような計算を行い，比較するとよい． ■

【例 3.3】 円管内を流れる水の流量をオリフィス流量計で測定し，以下の結果を得た．ここで，流量を y(ポンド/秒 (lb/s))，水を封液としたオリフィス計のマノメータの読みを x(インチ (in)) とした．以下の問いに答えよ．

（a） 従属変数 y を独立変数 x の 2 次式（$y=a+bx+cx^2$）として表し，a，b，c の値を最小 2 乗法によって求めよ．

（b） 下記のデータについて直線相関係数 r を求めよ．

（c） 標準誤差（RMS），標準偏差（SD）および決定係数（R^2）を求めよ．

x (in)	1.0	2.0	3.0	5.0	10.0	12.0	20.0	30.0	40.0
y (lb/s)	14.1	16.5	22.9	31.3	46.0	44.8	63.2	81.5	86.6

【解】

（a） 2 次曲線を $y=a+bx+cx^2$ とすると，その場合の正規方程式は，

$$a\sum + b\sum X_i + c\sum X_i^2 = \sum Y_i$$
$$a\sum X_i + b\sum X_i^2 + c\sum X_i^3 = \sum X_i Y_i$$
$$a\sum X_i^2 + b\sum X_i^3 + c\sum X_i^4 = \sum X_i^2 Y_i$$

例 3.2 と同様に正規方程式の各項の計算を行った．つまり，

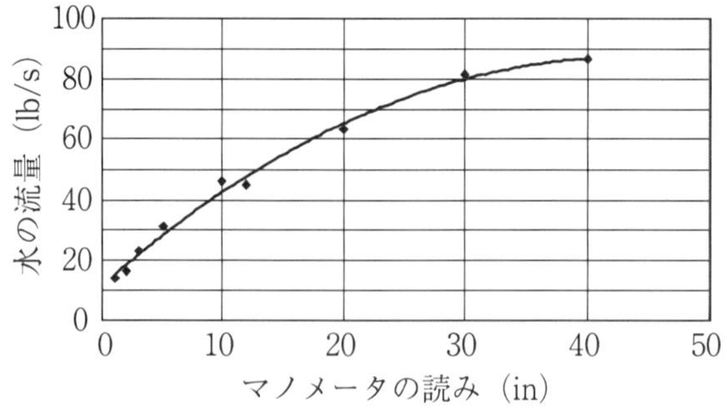

図3.8　オリフィス流量計

$$
\begin{aligned}
9a+\quad 123b+\quad 3183c &= 406.9\\
123a+\quad 3183b+\ 101889c &= 8442.9\\
3183a+101889b+3561459c &= 249309.9
\end{aligned}
$$

この式を解くと，$a=11.897$，$b=3.4709$，$c=-0.039929$ となる．

（b）$r=S_{xy}/\sqrt{S_{xx}}\sqrt{S_{yy}}$ から相関係数を求める．ここで，$S_{xy}=\sum(X-\bar{X})(Y-\bar{Y})$，$S_{xx}=\sum(X-\bar{X})^2$，$S_{yy}=\sum(Y-\bar{Y})^2$ である．また，$\bar{X}=13.667$，$\bar{Y}=45.211$ であり，これと表のデータから，

$$r=\frac{2{,}881.933}{2{,}961.157}=0.97325$$

（c）上記（a）で決定した最小 2 乗曲線から求められる値を $y_{\rm cal}$ とし，データ数＝9，標準偏差を求めるときの自由度＝$n-N_f=9-3=6$ として，標準誤差，標準偏差および決定係数を求めた．つまり，

$$\text{標準誤差(RMS)}=\sqrt{\frac{43.54895}{9}}=2.1997$$

$$\text{標準偏差(SD)}=\sqrt{\frac{43.54895}{6}}=2.6941$$

$$\text{決定係数}(R^2)=\frac{5{,}837.849-43.5489}{5{,}837.849}=0.99254$$

これらの値から，得られた 2 次曲線は与えられたデータをかなりよく表現していることがわかる．

ここで，データと最小 2 乗曲線で計算した結果を図 3.8 にプロットした．標準誤差が小さく，また決定係数も 1 に非常に近いことから，この最小 2 乗曲線とデータの適合度は十分高いことがわかる．なお，(b) より直線相関係数 r も 1 に近いため，データを直線で相関することも可能であるが，2 次曲線近似に比べその精度はかなり悪い．

演　習　問　題

3.1　以下のデータについて，(a) 普通目盛のグラフにプロットせよ，(b) y の対数をと

って x に対してプロットせよ．

X	270	310	350	420	520
Y	8.56	9.74	10.88	12.78	15.30

3.2 直立したガラス管の中に重液 A を満たし，その先端を軽液 B で満たされたビーカーに浸ける．A 液と B 液は互いに溶け合わないものとすると，やがて A 液がある液滴の大きさになるとその重力が界面張力に打ち勝って，管の先端から落下する．落下する液滴の容積 V はどのような因子の影響を受けるのかを次元解析法で求めよ．因子としては，管の半径 r，重力加速度 g，液体の密度 ρ_A，ρ_B，2 液の界面張力 σ などがあげられる．

3.3 以下のデータを用いて y を x の 1 次式として表したい．最小 2 乗法によってその式を求めよ．

x	280	300	320	340	360
y	0.139	0.134	0.129	0.124	0.119

（1） グラフ用紙にプロットして，その図から勾配と y 切片を推定せよ．

（2） 最小 2 乗法によって勾配と y 切片を求め，(1) の結果と比較せよ．

3.4 例 3.3 で示した水の流量 y とオリフィスメータの読み x に関するデータについて以下の問題を解け．

（1） このデータの最小 2 乗直線（$y=a+bx$）を求めよ．

（2） 標準誤差，標準偏差および決定係数を計算し，例 3.3 の場合と比較せよ．

3.5 気体の熱容量 C_p(J/mol·K) は絶対温度 T(K) の 2 次式で表すことができる．以下の表に示すアンモニアの C_p と T のデータを用いて以下の問いに答えよ．

T (K)	298.15	400	500	600	800	1,000	1,500
C_p (J/mol·K)	35.52	38.53	41.65	44.73	50.79	56.2	66.2

（1） 従属変数 C_p を独立変数 T の 2 次式として表し，含まれる 3 つの係数を最小 2 乗法によって求めよ．

（2） 上記のデータについて直線相関係数 r を求めよ．

（3） 標準誤差，標準偏差および決定係数を求めよ．

3.6 以下の表に，プロパン (1)-ベンゼン (2) 系の圧力 173 kPa における沸点 T(°C) とプロパンの液組成 x（モル分率）のデータが与えられている．

x(−)	0	0.102	0.149	0.202	0.251	0.298	0.404	0.504	0.600	0.800	1.0
T(°C)	98.6	33.3	15.7	3.9	−4.3	−9.0	−15.6	−17.6	−20.3	−25.1	−31.2

ここで，独立変数を x，従属変数を T として最小 2 乗法を用いて式化したい．なお，$x=0$ および $x=1.0$ のときの沸点，t_2(=98.6°C) および t_1(=−31.2°C) はまったく

測定誤差がないものとする．以下の問いに答えよ．

（1）　t_2 および t_1 に誤差がないことから，求める式はこの2つの点を通る式でなければならない．そこで，$F=T-t_2-(t_1-t_2)x$ から計算される F を考える．F はモル分率 x におけるデータから2点（$0, t_2$），（$1.0, t_1$）を結んだ直線上の値を差し引いたものである．そこで，まず表のデータを（x, T）から（x, F）に変換し，x 対 F の関係を以下の式を用いて最小2乗曲線を求めてみる．

$$f(x) = x(1-x)(a_0+a_1x+a_2x^2+\cdots+a_mx^m)$$

つまり，$S=\sum(F_i-f(x_i))^2\to\min$ となる係数 a_1～a_m を決定せよ．なお，関数 $f(x)$ は，$x=0$，$x=1.0$ のときには必ずゼロとなるため，データの中で2点（$0, t_2$），（$1.0, t_1$）は除いて総和をとる．そこで，$f(x)$ の次数 m を1から6まで変化させて最小2乗法を行い残差 S を求め，さらに x 対 F および x 対 T の関係をグラフにプロットし，次数と当てはめの程度の関係を比較せよ．

（2）　当てはめをよくするため，データ F を $G=F/(x(1-x))$ によりさらに変換する．そして，(1) と同様に以下の近似多項式を用いて最小2乗法を行う．

$$g(x) = b_0+b_1x+b_2x^2+\cdots+b_kx^k$$

ここで，次数 k を1から5まで変化させて最小2乗法を行い残差を求め，さらに x 対 G，x 対 T の関係をグラフにプロットし，それぞれの当てはめの程度を比較せよ．この場合は，おそらく次数 k を大きくするとともに，残差は急減する．最適な k を決定し，それから計算される x-T の関係を上の図にプロットし比較せよ．

このように，与えられたデータ（従属変数）そのものではうまく曲線の当てはめができない場合には，データを変換（加工）し，それについて曲線の当てはめを行う方法が有用である．このように当てはめを数回繰り返すことからこの方法を逐次近似法による曲線の当てはめという．

4. 補　間　法

対数，三角関数あるいは正規分布関数などの数値表あるいは国際的に認められた水蒸気の物性値などは，一般に数値表として与えられておりとても便利である．それらの数値（データ）の1つの特徴は，2章および3章で扱ったデータと異なり，その誤差が非常に小さいことである．しかし，当たり前であるが，この表だけでは数値表に記載されていない独立変数 x に対する関数値 y を知ることは不可能である．それを可能にするのが補間法あるいは内挿法である．

補間（内挿）とは，まず補間したい変数 x からそれをはさむ区間（x_i，x_{i+1}）およびそれに対応する（y_i，y_{i+1}）を知り，次のステップとして x に対応する y の値を計算することである．そのときに用いる式を補間（近似）式と呼び，一般には多項式が多い．このもとになっているのは，データの点数を n とすれば，全点を通過する $n-1$ 次式が存在するという考えである．例えば，2点は直線（1次式）で，5点は4次式ですべての点を通る式を求めることができる．しかし，このような考えで補間式を作ることはほとんどない．それは，次数 n の増加とともに関数形は複雑になり，場合によっては区間 $x_i \leqq x \leqq x_{i+1}$ において多数（理論上は $n-1$ 個）の極値をもつおそれがあるためである．

補間法は数値表の内挿に使われるだけでなく，本書でも扱っている数値微分や数値積分あるいは微分方程式の数値解法の原点になっている．

なお，補間に似た操作に補外（外挿）がある．これは，補間によって得た式をそのまま x の区間［x_i，x_{i+1}］の外部に適用することである．しかし，一般に補間式をそのまま補外に用いることは危険であり，使用しないほうがよい．

4.1 線形補間（折れ線近似）

$x_i \leqq x \leqq x_{i+1}$ において x を与え，それに対応する y を計算する最も簡単で確実な方法は，(x_i, y_i) および (x_{i+1}, y_{i+1}) の2点のデータを用いた線形補間法（折れ線近似法）である．つまり，2点から以下の直線式を用いて y を求める．

$$y \cong y_i + \frac{y_{i+1} - y_i}{x_{i+1} - x_i}(x - x_i) \tag{4.1}$$

図4.1には線形補間による近似値と真の値との関係を示した．ここで，破線は x と y の真の関係を表す．

線形補間は式が単純で癖がないため，異常な補間値を与えることもなく安心して使えるが，なにぶんにも曲線（想定される真の関係）を直線近似しているため，数学的に導かれた以下のような公式で表される誤差 $e_{数}(=y_{真} - y_{補})$ が生じる．

$$|e_{数}| \leqq \frac{(x - x_i)(x_{i+1} - x)\max|f''(\theta)|}{2} \tag{4.2}$$

ここで，$\max|f''(\theta)|$ は $x_i \leqq \theta \leqq x_{i+1}$ における f'' の最大値（絶対値）である．このように，x の両端では誤差は小さいが，中央部分では大きくなり，また曲率 f'' が大きいほど誤差も大きくなる．つまり，誤差を減らすためには，数値表の x_i の間隔を小さくするかこれから述べる高次の補間式を用いる必要がある．

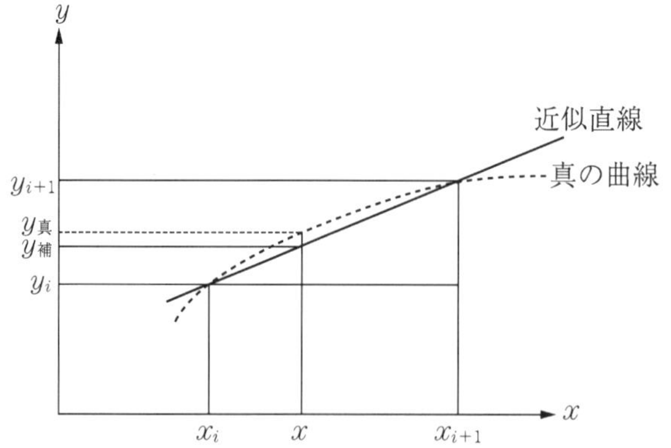

図4.1 線形補間

【例4.1】 以下に示す水蒸気表（飽和状態）によって，線形補間法を用いて，295.45 K

における蒸気圧 P(kPa)，液体の密度 ρ(kg/m^3) および蒸気のエンタルピー h(kJ/kg) を求めよ．

温度(K)	蒸気圧(kPa)	液体密度(kg/m^3)	蒸気エンタルピー(kJ/kg)
290	1.9186	998.87	2,532.4
300	3.5341	996.62	2,550.7

【解】 式 (4.1) を用いる．例えば，圧力は，

$$P = 1.9186 + [(3.5341 - 1.9186)/(300 - 290)] \times (295.45 - 290) = 2.799\ \text{kPa}$$

のように計算され，その他も同様にして，$\rho = 997.6$ kg/m^3，$h = 2542$ kJ/kg が得られる．なお，補間した値は近似値であるので，有効数字は表に記載されたデータより1桁少なくしてある．

4.2　ラグランジュの補間式

いま，$(x_1, y_1), (x_2, y_2), \cdots, (x_{m+1}, y_{m+1})$ で示す $m+1$ 点のデータが与えられたとする．このすべての点を通る m 次式の1つとして次式のラグランジュの補間多項式がある．

$$\begin{aligned} y &\fallingdotseq a_1(x-x_2)(x-x_3)(x-x_4)\cdots(x-x_{m+1}) \\ &\quad + a_2(x-x_1)(x-x_3)(x-x_4)\cdots(x-x_{m+1}) \\ &\quad + \cdots \\ &\quad + a_{m+1}(x-x_1)(x-x_2)(x-x_3)\cdots(x-x_m) \\ &= \sum_{k=1}^{m+1} a_k P_k(x) \end{aligned} \tag{4.3}$$

ここで，$P_k(x)$ は次式で表す m 次式である．

$$\begin{aligned} P_k(x) &= (x-x_1)(x-x_2)(x-x_3)\cdots(x-x_{k-1})(x-x_{k+1})\cdots(x-x_{m+1}) \\ &= \frac{\prod_{i=1}^{m+1}(x-x_i)}{x-x_k} \end{aligned} \tag{4.4}$$

そこで，式(4.3) が与えられたすべての点を通ることを条件として，係数 a_1 ～ a_{m+1} が以下のように求められる．

まず点 (x_1, y_1) を代入して，

$$y_1 = a_1(x_1-x_2)(x_1-x_3)\cdots(x_1-x_{m+1})$$

つまり，

$$a_1 = \frac{y_1}{(x_1 - x_2)(x_1 - x_3)\cdots(x_1 - x_{m+1})} = \frac{y_1}{P_1(x_1)} \tag{4.5}$$

同様にして，$(x_2, y_2), \cdots, (x_{m+1}, y_{m+1})$ の各点を式（4.3）に代入することによって，$a_2 \sim a_{m+1}$ の値が以下の式によって決定される．

$$a_k = \frac{y_k}{P_k(x_k)} \quad (k = 1, 2, \cdots, m+1) \tag{4.6}$$

つまり，式(4.3) に式（4.6）を代入すると，

$$y \cong \sum_{k=1}^{m+1} \frac{y_k P_k(x)}{P_k(x_k)} \tag{4.7}$$

ここで，$m=2$ として式（4.7）の具体的な形を書いてみると，

$$y \cong \frac{y_1(x-x_2)(x-x_3)}{(x_1-x_2)(x_1-x_3)} + \frac{y_2(x-x_1)(x-x_3)}{(x_2-x_1)(x_2-x_3)} + \frac{y_3(x-x_1)(x-x_2)}{(x_3-x_1)(x_3-x_2)} \tag{4.8}$$

この式が (x_1, y_1)，(x_2, y_2)，(x_3, y_3) の各点を通ることはすぐにわかる．

ここで，与えられたデータの中で，変数 x の間隔 $h = x_{i+1} - x_i$ が一定の場合を等間隔データ，一定でないものを不等間隔データという．ラグランジュの補間式はどちらのデータであっても適用できるが，次節に述べるニュートンの補間法は等間隔データにしか使用できない．

なお，ラグランジュの補間式による数学的な誤差は以下のように与えられる．

$$|e_{数}| \leqq \frac{|(x-x_1)(x-x_2)\cdots(x-x_{m+1})|\max|f^{(m+1)}(\theta)|}{(m+1)!} \tag{4.9}$$

ここで，$\max|f^{(m+1)}(\theta)|$ は $m+1$ 階微分の絶対値の最大値を意味し，$x_1 \leqq \theta \leqq x_{m+1}$ である．

【例 4.2】 以下の 4 点のデータから，$x=2.2$ に対応する y の値をラグランジュ補間式および線形補間法によって計算し，y の真の値（$\ln x$）と比較せよ．

x	2.00	2.10	2.30	2.45
$y(=\ln x)$	0.6931	0.7419	0.8329	0.8961

【解】 4 点（$m=3$）のデータを式（4.6）に代入して，係数 a_1 から a_4 までの値を計算すると，

$$a_1 = \frac{y_1}{(x_1-x_2)(x_1-x_3)(x_1-x_4)} = -51.341$$

以下同様にして，$a_2=105.99$，$a_3=-92.544$，$a_4=37.930$ と計算される．この値を式（4.7）に代入すると，

$$y \cong -51.341(x-x_2)(x-x_3)(x-x_4) + 105.99(x-x_1)(x-x_3)(x-x_4)$$

$$-92.544(x-x_1)(x-x_2)(x-x_4)+37.930(x-x_1)(x-x_2)(x-x_3)$$

この式に $x=2.2$ を代入すると，

$$y=-0.12835+0.52995+0.46272-0.07586=0.78846\cong 0.788$$

なお，$x=2.2$ における真の値 $\ln 2.2$ は 0.78845736 であり，補間値はその値とほぼ一致し，誤差は $|e|=2.640\times10^{-6}$ である．

一方，線形補間した結果は y(線形)$=0.7874$，誤差は $|e|=1.057\times10^{-3}$ である．つまり，ラグランジュ補間値のほうが約 10^{-3} 倍ほど誤差が小さいことがわかる．この違いは，ラグランジュ法では 4 点のデータによる 3 次の補間多項式を用いているのに対し，直線補間では 2 点を用いた 1 次式を適用しているためである．

つまり，この例題から，使えるデータ（情報量）が多いほど（高次式ほど）補間した結果の精度がよくなることがわかる．しかし，次数が高次になるにつれ，極大値や極小値の数も大きくなり，n 次の場合は $n-1$ 個になる．例えば，例 4.2 では $n=3$ 次であり，2 個の極値の存在が考えられる．つまり，次数が大きい場合は，極値が $x_i\leqq x\leqq x_{i+1}$ にないことを必ずチェックすることが必要である．■

【例 4.3】　例 4.2 で求めた線形補間およびラグランジュ補間の結果から，得られた誤差 $|e|$ が数学的に推定されている誤差範囲以内であることを確かめよ．

【解】

（1）　線形補間：$f''(x)=-1/x^2$ であり，$\max|f''(x)|=1/(2.1^2)=1/4.41$ である．つまり，式 (4.2) より，

$$|e_{数}|=\frac{(2.2-2.1)(2.3-2.2)}{2}\times\frac{1}{4.41}=1.134\times10^{-3}$$

となり，例 4.3 で得られた誤差 $|e|=1.057\times10^{-3}$ は数学的誤差 $|e_{数}|$ より小さいことがわかる．

（2）　ラグランジュ補間：$f^{(4)}(x)=-6/x^4$ であり，$\max|f^{(4)}(x)|=6/(2.0^4)$ である．つまり，式 (4.9) より，

$$|e_{数}|=\frac{(2.2-2.0)(2.2-2.1)(2.2-2.3)(2.2-2.45)}{24}\times\frac{6}{2^4}=7.813\times10^{-6}$$

となり，例 4.3 で得られた誤差 $|e|=2.640\times10^{-6}$ はここで得られた数学的誤差 $|e_{数}|$ より小さいことがわかる．■

4.3　ニュートンの補間式

ラグランジュの補間式と同様によく用いられるのがニュートンの補間式である．ただし，この式が適用できるのは x の間隔 $h(=x_{i+1}-x_i)$ が一定のデータである．

まず，ニュートン補間式に関連して，階差について説明する．いま，以下の等間隔データについて考える．

x	x_0	x_1	x_2	x_3	x_n	x_{n+1}
y	y_0	y_1	y_2	y_3	y_n	y_{n+1}

ここで，第1階差は以下のように定義される．

$$\begin{aligned}\Delta^1 y_0 &= y_1 - y_0\\ \Delta^1 y_1 &= y_2 - y_1\\ \Delta^1 y_2 &= y_3 - y_2\\ &\cdots\cdots\\ \Delta^1 y_n &= y_{n+1} - y_n\end{aligned}\tag{4.10}$$

第1階差の階差をとると，以下に示す第2階差が得られる．

$$\begin{aligned}\Delta^2 y_0 &= \Delta^1 y_1 - \Delta^1 y_0 = (y_2 - y_1) - (y_1 - y_0) = y_2 - 2y_1 + y_0\\ \Delta^2 y_1 &= \Delta^1 y_2 - \Delta^1 y_1 = (y_3 - y_2) - (y_2 - y_1) = y_3 - 2y_2 + y_1\\ &\cdots\cdots\\ \Delta^2 y_n &= \Delta^1 y_{n+1} - \Delta^1 y_n = (y_{n+2} - y_{n+1}) - (y_{n+1} - y_n) = y_{n+2} - 2y_{n+1} + y_n\end{aligned}\tag{4.11}$$

以下同様にして，第 m 階差は，

$$\Delta^m y_k = \Delta^{m-1} y_{k+1} - \Delta^{m-1} y_k \tag{4.12}$$

で表される．以下に示すように，データから階差表を作る（表4.1）．与えられ

表4.1　階差表

k	x	y	$\Delta^1 y$	$\Delta^2 y$	$\Delta^3 y$	$\Delta^4 y$
0	x_0	y_0				
			$\Delta^1 y_0$			
1	x_1	y_1		$\Delta^2 y_0$		
			$\Delta^1 y_1$		$\Delta^3 y_0$	
2	x_2	y_2		$\Delta^2 y_1$		$\Delta^4 y_0$
			$\Delta^1 y_2$		$\Delta^3 y_1$	
3	x_3	y_3		$\Delta^2 y_2$		$\Delta^4 y_1$
			$\Delta^1 y_3$		$\Delta^3 y_2$	
4	x_4	y_4		$\Delta^2 y_3$		
			$\Delta^1 y_4$			
5	x_5	y_5				

たデータから階差表を作るとどんなことがわかるかを説明しよう．

（1）　もし第 k 階差がほぼ一定でかつ第 $k+1$ 階差がほとんどゼロであれば，その数値データは k 次式で表される．これは，データを表す式の次数をあらかじめ知る方法として有用である．

（2）　階差表の中の各階差の値から次に述べるニュートンの補間式の係数が直接求められる．

以下の式がニュートンの補間多項式である．

$$f(x) = a_0+a_1(x-x_0)+a_2(x-x_0)(x-x_1)+a_3(x-x_0)(x-x_1)(x-x_2)+\cdots$$
$$+a_n(x-x_0)(x-x_1)(x-x_2)\cdots(x-x_{n-1}) \quad (4.13)$$

この式に $x=x_0$ を代入すると $a_0=f(x_0)=y_0$，また $x=x_1$ とすれば $a_1=(y_1-y_0)/(x_1-x_0)=\Delta^1 y_0/1!\,h$ となる．ここで，h は x の間隔（一定）で $h=x_{k+1}-x_k$ である．同様に，$(x_2, y_2), (x_3, y_3), \cdots, (x_n, y_n)$ の各データを代入することによって，各係数 a_k が以下のように決定される．

$$a_2 = \frac{\Delta^2 y_0}{2!\,h^2}, \quad a_3 = \frac{\Delta^3 y_0}{3!\,h^3}, \quad \cdots, \quad a_n = \frac{\Delta^n y_0}{n!\,h^n} \quad (4.14)$$

このように各係数 $a_0 \sim a_n$ には $\Delta^1 y_0 \sim \Delta^n y_0$ の各階差が含まれ，その値は階差表（表 4.1）の一番上の斜めの段に表示されている．

そこで，$a_0 \sim a_n$ を式（4.13）に代入すると，以下の式が得られる．

$$f(x) = y_0+(x-x_0)\frac{\Delta^1 y_0}{1!\,h}+(x-x_0)(x-x_1)\frac{\Delta^2 y_0}{2!\,h^2}$$
$$+(x-x_0)(x-x_1)(x-x_2)\frac{\Delta^3 y_0}{3!\,h^3}+\cdots$$
$$+(x-x_0)(x-x_1)(x-x_2)\cdots(x-x_{n-1})\frac{\Delta^n y_0}{n!\,h^n} \quad (4.15)$$

ここで，$p=(x-x_0)/h$ を用いて変数変換を行うと，式（4.15）は

$$y = f(p) = y_0+p\frac{\Delta^1 y_0}{1!}+p(p-1)\frac{\Delta^2 y_0}{2!}+p(p-1)(p-2)\frac{\Delta^3 y_0}{3!}+\cdots$$
$$+p(p-1)(p-2)\cdots(p-n+1)\frac{\Delta^n y_0}{n!} \quad (4.16)$$

となる．この式では，各階差はすべて階差表（表 4.1）の最初の項を用いている．そこで，この式はニュートンの前進型補間式と呼ばれる．この式は，データの中の最初の部分（階差表の上の部分）の補間を行うときに精度がよい．

なお，ニュートンの補間式を用いる場合，その精度は，一定とみなす最終の階差のバラツキと用いる項の数によって決まる．

【例 4.4】 以下に示すデータを用いてニュートンの前進型補間式を求めよ．そして，$x=0.62$ に対する y の値を求めよ．

k	0	1	2	3	4	5	6	7
x	0.5	0.6	0.7	0.8	0.9	1.0	1.1	1.2
y	0.125	0.216	0.343	0.512	0.729	1.000	1.331	1.728

【解】 まず階差表を作成する．

k	x	y	$\Delta^1 y$	$\Delta^2 y$	$\Delta^3 y$
0	0.5	**0.125**			
			0.091		
1	0.6	0.216		**0.036**	
			0.127		**0.006**
2	0.7	0.343		0.042	
			0.169		0.006
3	0.8	0.512		0.048	
			0.217		0.006
4	0.9	0.729		0.054	
			0.271		0.006
5	1.0	1.000		0.060	
			0.331		0.006
6	1.1	1.331		0.066	
			0.397		
7	1.2	1.728			

以上の結果から，第 3 階差 $\Delta^3 y_k=0.006$ となり，すべての k について一定となった．つまり，与えられたデータは x の 3 次式で表されることがわかる．そこで，$p=(x-0.5)/0.1$ として階差表の太字で示した値を式（4.16）に代入すると，

$$y = f(p) = y_0+p\frac{\Delta^1 y_0}{1!}+p(p-1)\frac{\Delta^2 y_0}{2!}+p(p-1)(p-2)\frac{\Delta^3 y_0}{3!}$$

$$= 0.125+p\cdot 0.091+p(p-1)\frac{0.036}{2}+p(p-1)(p-2)\frac{0.006}{6}$$

が得られる．これがニュートンの補間式である．次に，$x=0.62$ とすると $p=1.2$ であり，これらを上の式に代入すると $y=0.238328$ が得られる．なお，与えた数値は $y=x^3$ から作ったデータであり，もちろん誤差はない．そして，$(0.62)^3=0.238328$ であり，ニュートンの補間式の結果と完全に一致する． ■

4.4 2変数の線形補間式

2つ以上の独立変数をもつ場合の補間法を多変数関数の補間という．ここでは，最も簡単な2変数の線形補間を考える．

いま，x，y の関数 $z=f(x, y)$ 上のデータとして，図4.2に示すように以下の3点が与えられているものとする．

$$z_1 = f(x_1, y_1),\quad z_2 = f(x_2, y_1),\quad z_3 = (x_1, y_2)$$

この3点を通る平面の式を作り，その式に補間したい x，y の値を代入して目的とする z を求める．つまり，その式は，

$$z = f(x, y) = z_1 + \frac{z_2 - z_1}{x_2 - x_1}(x - x_1) + \frac{z_3 - z_1}{y_2 - y_1}(y - y_1) \qquad (4.17)$$

である．なお，格子の間隔が十分狭ければ，曲面を3点を用いた接平面で近似したことになるが，間隔が広い場合はかなりの補間誤差が生じる．

なお，線形補間のほかには多変数のラグランジュやニュートンの補間式もある．

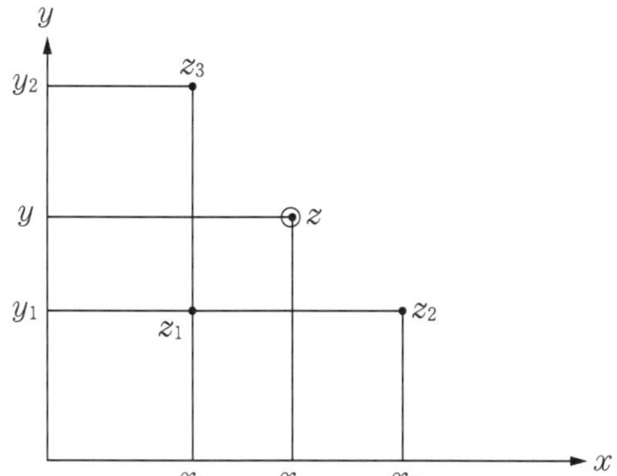

図4.2 2変数線形補間

4.5 スプライン関数による補間式

スプライン（spline）とはデータを滑らかな曲線で結ぶのに用いる自在定規のことである．たとえば薄いばね鋼板で作った自在定規で描ける曲線は，鋼板の歪

みエネルギー（曲率に比例）を最小にするような形になる．これを計算で実現してみようとするのがスプライン関数の発想である．

このようにスプライン関数は本来非常に現実的な要求の中から生まれたが，研究が進むにつれて高次方程式にない多くの長所をもち，理論的にも大いに注目されてきた．スプライン関数は，有限要素法と密接な関係にあり，偏微分方程式の数値解法としても有力な手段を与えている．

スプライン関数の定義にはいくつかのものがあるが，最も単純な理論，つまり，「歪みエネルギー最小」の代わりに，以下の関係を用いる．

$$\int_a^b \{\phi^{(k)}(x)\}^2 dx \to \text{最小} \tag{4.18}$$

この条件を満足する $\phi(x)$ を定める．つまり，k 次微係数の 2 乗の積分の大きさを滑らかさの尺度として，最適（最小）の関数を求める．

具体的には，x の全区間を $x_0, x_1, x_2, \cdots, x_n$ に区分し，得られた n 個の小区間ごとに以下の条件を満足する式を求める．なお，区間の幅は任意でよい．以下では，$\phi(x)$ として最もよく用いられる x の 3 次式（$k=2$）を例に説明する．

（1）　$\phi(x)$ は与えられたすべての点 $(x_0, y_0), (x_1, y_1), \cdots, (x_n, y_n)$ を通る．つまり，

$$\phi_1(x_0) = y_0, \quad \phi_1(x_1) = \phi_2(x_1) = y_1, \ \phi_2(x_2) = \phi_3(x_2) = y_2, \quad \cdots \ ,$$
$$\phi_{n-1}(x_{n-1}) = \phi_n(x_{n-1}) = y_{n-1}, \quad \phi_n(x_n) = y_n \tag{4.19}$$

（2）　滑らかの条件，つまり各区間の境界点でその微係数が（$2k-2$ 次まで）連続であること．3 次式の場合は，境界点で 2 回微分までの値が等しい．つまり，

$$\phi_1{}'(x_1) = \phi_2{}'(x_1), \quad \phi_2{}'(x_2) = \phi_3{}'(x_2), \quad \cdots, \quad \phi_{n-1}{}'(x_{n-1}) = \phi_n{}'(x_{n-1}) \tag{4.20}$$

$$\phi_1{}''(x_1) = \phi_2{}''(x_1), \quad \phi_2{}''(x_2) = \phi_3{}''(x_2), \quad \cdots, \quad \phi_{n-1}{}''(x_{n-1}) = \phi_n{}''(x_{n-1}) \tag{4.21}$$

（3）　なお，両端点の条件としては，$\phi''(x_0) = \phi''(x_n) = 0$ とするのが多いが，その代りにゼロでない両端の傾斜を与えてもよい．

具体的には，各区間ごとに $\phi(x)$ として任意の 3 次式を与え，その中に含まれる未知の 4 つの係数を，式（4.19），（4.20），（4.21）を連立 1 次式として

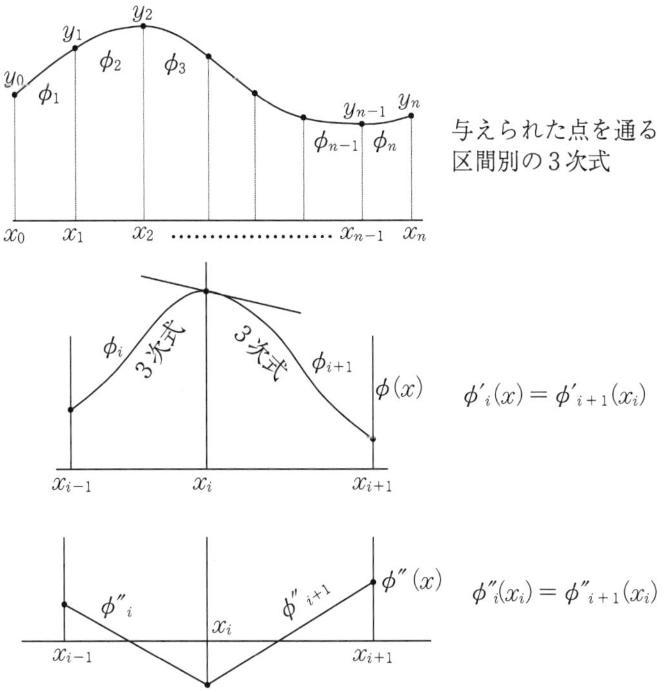

図 4.3　3 次のスプライン関数

解くことによって，各区間ごとの 3 次式が確定する．なお，未知数の合計は $4n$ 個，式の数は合計 $4n-2$ 個であり，(3) の条件つまり両端の条件 2 個を与えることによって解くことができる．なお，この連立 1 次式の係数行列は 3 重対角行列になり，それ専用の優れた解法がたくさん提案されている．

以上のように行った 3 次のスプライン関数による近似を図 4.3 に示す．各区間でデータは滑らかに結ばれ，傾斜である $\phi_1'(x)$ は各境界点上で同じ値をもち，また $\phi''(x)$ は各区間ごとに折れ線をなす．

4.6　補間法と最小 2 乗法

ここで補間法と 3 章で述べた最小 2 乗法との違いを強調したい．

図 4.4 にこの 2 つの方法の違いが鮮明に描かれている．つまり，

(1)　補間法は，誤差がゼロあるいは無視できるほど小さいデータにしか適用してはいけない．つまり，実験データのような実験誤差をゼロとすることができないデータに対しては本来適用すべきではない．例えば，図 4.4 のように誤

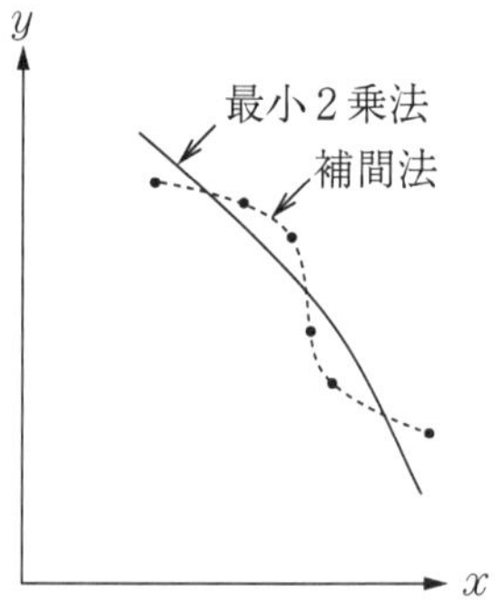

図 4.4　補間法と最小２乗法の比較

差のある原データを補間式（複雑な曲線）によって式化し，それを使ってさらに微分あるいは積分して目的とする値を求めようとすると，図からわかるようにとても大きな誤差が生じる可能性が高い．

（２）　実験誤差を含むデータの式化は，できるだけ簡便な式によって，最小２乗法を適用して行うのが最適である．図 4.4 にも示すとおり，その式を用いてさらに微分や積分を行っても大きな誤差は出にくい．

演　習　問　題

4.1　以下の６組のデータを用いて，$x=0.23$ における y の値を線形補間，およびラグランジュの補間式によって求めよ．

x	0.1	0.2	0.3	0.4
y	2.79	2.56	2.31	2.04

4.2　以下の５組のデータを用いて，ニュートンの補間式を求め，$x=2.23$ における y の値を求めよ．

x	2.1	2.2	2.3	2.4	2.5
y	0.74194	0.78846	0.83291	0.87547	0.91629

4.3　メタンの体積 v(cm^3/g) と温度 T(K)，圧力 P(MPa) の関係が以下のように与えられている．２変数の線形補間法によって 360 K，3.5 MPa におけるメタンの体積を求めよ．

	v(cm^3/g)	T(K)	P(MPa)
1	52.0	355.4	3.40
2	53.9	366.5	3.40
3	50.0	355.4	3.54

5. 非線形方程式の解法

化学の分野にはしばしば1つ以上の変数 $x, y, z, \cdots$ を含む多変数方程式 $f(x, y, z, \cdots)=0$ が登場し，その解法が必要となる．多変数方程式において，変数 $x, y, z, \cdots$ の次数 n がいずれも $n=1$ のとき方程式は線形と呼ばれ，$x, y, z, \cdots$ のいずれか1つの変数の次数が $n \neq 1$ の場合は方程式が非線形であるという．また，非線形方程式は三角関数や指数関数を含む超越方程式と代数方程式に分類される．1変数だけの2次，3次および4次の高次代数方程式の解法は公式による解析的な解法の存在が知られている．しかし，5次以上では根の公式が存在しないことが証明されている．

一方，超越方程式やその他の代数方程式などの非線形方程式では特別な場合を除くと公式による解析解を求めることができず，繰返しによる収束解を得る数値計算法などの間接的な手法が必要となる．このようにして得られた解を数値解と呼ぶ．

本章では1変数代数方程式の公式による解法を含め，非線形方程式の解法として，最もよく用いられる実数解を求めるための数値解法について説明する．また，多変数の非線形方程式の解法についても触れる．なお，線形方程式で解が存在する場合は解は1組しかないが，非線形方程式では一般に複数組の解が存在するので注意が必要である．

5.1 1変数方程式の解法

a. 解の存在範囲

1変数の非線形方程式 $f(x)=0$ の解を繰返し法で求める場合に大切なのは，解の数とその存在範囲を知ることである．ここで x が実数で $f(x)$ は連続関数

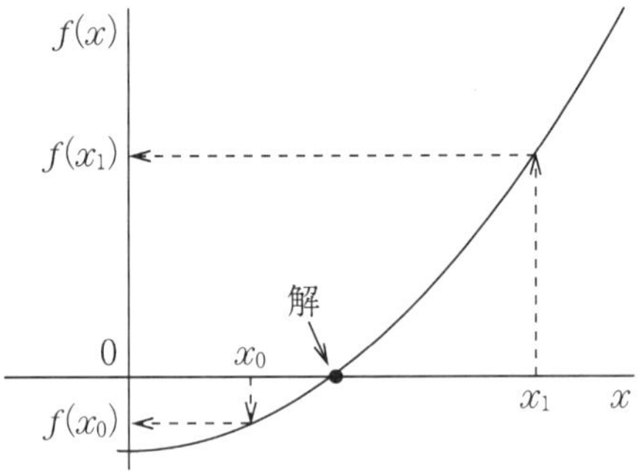

図 5.1　解の存在範囲

として，$f(x_0)$ と $f(x_1)$ が異符号のとき，つまり，

$$f(x_0)\cdot f(x_1)<0 \tag{5.1}$$

が成立するならば，区間 $x_0<x<x_1$ の間に少なくとも1つ以上の奇数個の実数解が存在する．この関係をグラフにプロットしたものが図 5.1 である．したがって，解をはさむ2つの近似値 x_0，x_1 あるいは1つの近似値を初期値として，以下に述べるような繰返し計算法により数値解が求められる．なお，数値解はあくまでも近似解であり，その誤差は収束条件に依存する．

b. 2 分 割 法

2つの初期値を用いる非線形方程式の数値解法としては，2分割法やはさみ打ち法が広く使われているが，本書では，そのアルゴリズムがわかりやすく，最も素朴な方法である2分割法を取り上げることとする．2分割法は，求める解をはさむ2つの近似値 x_L および x_U の中点，$x=(x_L+x_U)/2$ を逐次求めて解の存在範囲を狭めていく収束計算法である（図 5.2 参照）．つまり，2分割法を用いる

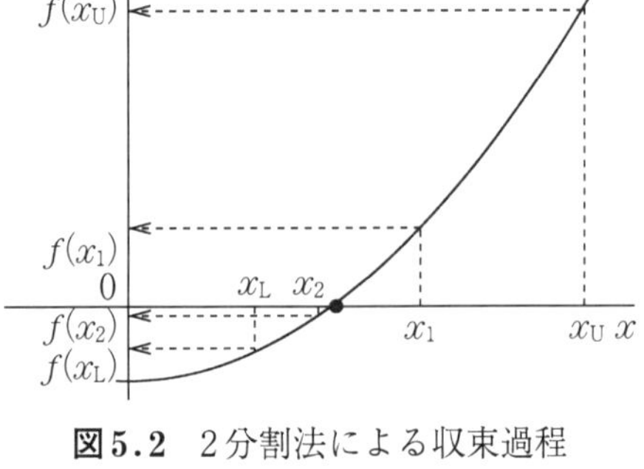

図 5.2　2分割法による収束過程

と解は次の手順で求めることができる.

[計算の手順]

（1）　まず式 (5.1) に従って, $f(x_L)\cdot f(x_U)<0$ を満足する2つの初期値 x_L, x_U を求める. なお, ここでは図5.2に示すように $x_L<x<x_U$ に解が1つ存在するものとする.

（2）　x_L と x_U の中点 $x_1=(x_L+x_U)/2$ を求め, $f(x_1)$ の符号を計算する.

（3）　次のように $f(x_1)$ と異符号となる $f(x_L)$ または $f(x_U)$ を選び, 解の存在範囲を半分にする.

（a）　$f(x_L)\cdot f(x_1)<0$ ならば, 解は x_L と x_1 の間にあるので $x_2=(x_L+x_1)/2$

（b）　$f(x_U)\cdot f(x_1)<0$ ならば, 解は x_U と x_1 の間にあるので $x_2=(x_U+x_1)/2$

（4）　以下同様の計算を逐次繰り返し, 解の存在範囲を狭める. そして, m 回目の x_m と $m+1$ 回目の x_{m+1} の差がきわめて小さくなり, 次の相対値があらかじめ設定した許容誤差 ε (十分小さな正の値) に入ったとき, $x=x_{m+1}$ を求める収束解として計算を終了する.

$$\left|\frac{x_{m+1}-x_m}{x_{m+1}}\right|<\varepsilon \tag{5.2}$$

ここで, 式 (5.2) を収束条件という. なお, $x_{m+1}\cong 0$ の場合には式 (5.2) の代りに式 (5.2)′ を用いる.

$$|x_{m+1}-x_m|<\varepsilon \qquad (5.2)'$$

なお2分割法では, 繰返し計算の回数 m と残された解の存在区間 $|x_{m+1}-x_m|$ との関係は, 次式で表される.

$$|x_{m+1}-x_m|=\frac{|x_U-x_L|}{2^{m+1}} \quad (m=0,1,2,\cdots) \tag{5.3}$$

ここで $x_U>x_L$ とする. つまり式 (5.3) より, 求める解の存在区間の大きさ (収束条件) を与えると, それに応じて繰返し回数 m を知ることができる ($m=0$ における x_0 は x_L または x_U が用いられる). 2分割法は $f(x)$ の符号の異なる2つの x を正しく選ぶことで, 必ず収束する計算法である. しかし, $f(x)$ そのものの挙動が繰返し過程に反映されないため, 一般に収束回数 m が大きくなる欠点がある.

【例5.1】　$f(x)=x^2-e^{-x}-2=0$ の解を2分割法により求めよ. ただし, 初期値を

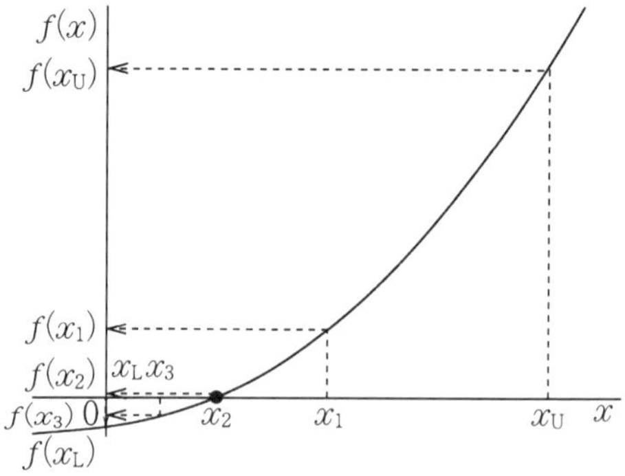

図 5.3　例 5.1 の 2 分割法による収束過程（3 回目まで）

表 5.1　2 分割法の計算結果

m	x_m	$f(x_m)$	$\lvert (x_{m+1}-x_m)/x_{m+1} \rvert$
5	1.31250	-5.4649×10^{-1}	1.4286×10^{-1}
8	1.47656	-4.8185×10^{-2}	1.5873×10^{-2}
11	1.49121	-1.3899×10^{-3}	1.9646×10^{-3}
14	1.49158	-2.1510×10^{-4}	2.4552×10^{-4}
17	1.49162	-6.8240×10^{-5}	3.0689×10^{-5}
18	1.49165	5.1920×10^{-6}	1.5344×10^{-5}
19	1.49163	-3.1524×10^{-5}	7.6722×10^{-6}

$x_L=0$，$x_U=6$，収束条件を $\varepsilon=10^{-5}$ とせよ．

【解】　まず x_L と x_U の中点 x_2 を以下のように求める．

$$x_1 = \frac{x_L + x_U}{2} = \frac{0+6}{2} = 3.0$$

$f(x_L)$，$f(x_U)$，$f(x_1)$ を計算すると，それぞれ $f(x_L)=-3$，$f(x_U)=33.998$，$f(x_1)=6.950$ を得る．ここで，$f(x_1)$ と異符号を示すのが $f(x_L)$ であるから，次の中点は x_L と x_1 から求める．

$$x_2 = \frac{x_L + x_1}{2} = \frac{0+3}{2} = 1.5$$

よって，$f(x_2)=0.027$ であり，以下同様に計算される $f(x_m)$ とは異符号となる x を選び，中点を求める計算を収束条件が満たされるまで繰り返すことで，解が求められる．収束過程（3 回目まで）を図 5.3 に，計算結果を抜粋して表 5.1 に示す．

【例 5.2】　次の T についての超越方程式の解を 2 分割法で解け．ただし，初期値を $T_L=337.7$ と $T_U=373.1$ とし，収束条件を $\varepsilon=10^{-5}$ として解を求めよ．

$$f(T) = 101.3-1.562\exp\left(17.5977-\frac{4,383}{T}\right)(0.200)$$

表5.2 2分割法による計算結果

m	T	$f(T)$	$\|(T_{m+1}-T_m)/T_{m+1}\|$
7	354.570	9.7774×10^{-1}	7.7999×10^{-4}
10	354.812	7.4179×10^{-2}	9.7433×10^{-5}
13	354.834	-6.8329×10^{-3}	1.2178×10^{-5}
14	354.832	1.2708×10^{-3}	6.0892×10^{-6}

$$-1.044\exp\left(18.1621-\frac{5,054}{T}\right)(1-0.200)=0$$

【解】

初期値：$f(337.7)=49.22>0,\quad f(373.1)=-91.64<0$

1回目：$T_1=(337.7+373.1)/2=355.40,\quad f(355.40)=-2.15<0$

2回目：解は $T_L=337.7$ と $T_1=355.40$ の間にあるので，$T_2=(337.7+355.40)/2=346.55$ を得る．ここで，$|(T_2-T_1)/T_2|=2.55\times10^{-2}>\varepsilon$ であり，収束条件を満足しないので，$f(T_2=346.55)=27.27$ を計算し，以下同様の計算を繰り返す．

計算結果の抜粋を表5.2に示すが，結局14回目に $|(T_{m+1}-T_m)/T_{m+1}|<10^{-5}$ の収束条件を満足し，$T=354.832$ が得られる． ■

c. 単純代入法

2分割法を用いて非線形方程式の解法を行う場合，求める解をはさむ2つの初期値 x_L および x_U が必要である．これに対して，1つの初期値から方程式の解を求めることができる繰返し計算法として，単純代入法とニュートン法が知られている．

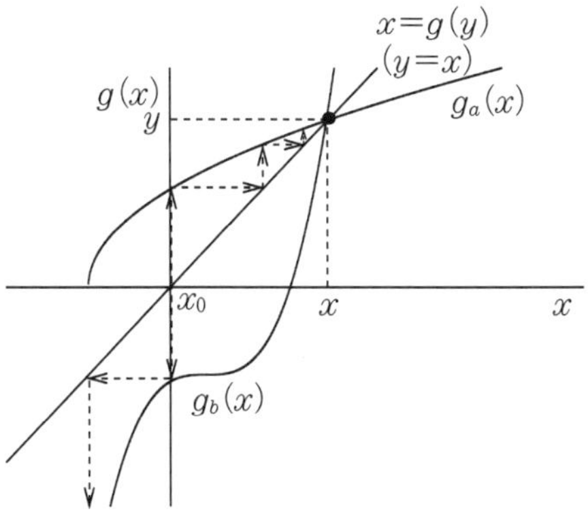

図5.4 単純代入法による収束過程

単純代入法は対象とする方程式 $f(x)=0$ を次のように変形する．

$$x = g(x) \tag{5.4}$$

ここで式（5.4）の右辺に初期値 x_0 を代入し $g(x_0)$ を求め，その値を x_1 とする．x_1 を再度右辺に代入し $g(x_1)$ を求め，その値を x_2 とする．以下同様の計算を逐次行う収束計算法である（図 5.4 参照）．つまり，単純代入法では次の手順で解を求めることができる．

［計算の手順］

（1）　$f(x)=0$ を変形し，式（5.4）を与える．

（2）　x の初期値 x_0 を定める．

（3）　x_0 を式（5.4）の右辺に代入し，第 1 回目の近似値 $x_1[=g(x_0)]$ を求める．

（4）　x_1 を式（5.4）の右辺に代入し，第 2 回目の近似値 $x_2[=g(x_1)]$ を求める．

（5）　以下同様に逐次，近似値の計算を繰り返し行い，m 回目の x_m と $m+1$ 回目の x_{m+1} の差がきわめて小さくなり，以下の条件

$$\left|\frac{x_{m+1}-x_m}{x_{m+1}}\right|<\varepsilon \tag{5.5}$$

を満足したとき収束し，$x=x_{m+1}$ を解として計算を終了する．

以上のように，単純代入法による方程式の解法は非常に簡単であることが特徴である．しかし単純代入法の注意点としては，

①　$f(x)=0$ が式（5.4）のように変形できなくてはならない．

②　$x=g(x)$ の変形の仕方によっては図 5.4 中の $g_b(x)$ のように，初期値の与え方や $g(x)$ の関数形によって，単純代入法は収束せず発散する場合がある．なお，単純代入法が収束するための条件は次式で与えられる．

$$|g'(x)|<1 \tag{5.6}$$

【例 5.3】　$f(x)=x^2-3x-10=0$ の解を単純代入法により求めよ．ただし，初期値を $x_0=2$，収束条件を $\varepsilon=10^{-5}$ とせよ．

【解】　$f(x)=x^2-3x-10=0$ を $x=g(x)$ のように変形するのには次の 2 通りが考えられる．

$$x = g_1(x) = (x^2-10)/3 \qquad \text{(a)}$$

$$x = g_2(x) = \sqrt{3x+10} \qquad \text{(b)}$$

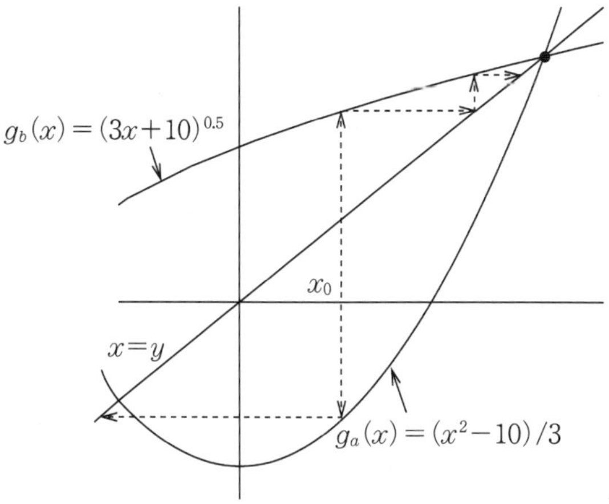

図 5.5　単純代入法による計算結果

式 (a), (b) を図示したものが，図 5.5 である．式 (a) では $|g_a'(x)|=2x/3$ であるから，式 (5.6) から解が $-1.5<x<1.5$ の範囲にあれば収束する．また，式 (b) では $|g_b'(x)|=3/(2\sqrt{3x+10})$ であるので，解が $-31/12(\cong-2.58)<x$ の範囲にあれば収束する．図 5.5 に示したように式 (b) を用い，$x_0=2$ として繰返し計算を行うと，$x_1=g(x_0)=\sqrt{3\times2+10}=4$ であり，$x_2=g(x_1)=\sqrt{3\times4+10}=4.690$ となり，以下同様に計算を繰り返すと，9 回目で収束し，解 $x=5.0$ が得られる．なお，図 5.5 中に示すように，式 (a) を用いた場合，解が収束条件 $-1.5<x<1.5$ の範囲にないので単純代入法は収束せず解は発散してしまう．なお，図 5.5 の繰返し過程からわかるように，単純代入法は，上記の式 (b) で考えれば，$y=x$ と $y=g_b(x)$ の交点を求めるための階段作図によって表される．■

【例 5.4】　次の方程式を v について単純代入法で解け．ただし，初期値を $v_0=2.80\times10^{-4}$ とし，収束条件を $\varepsilon=10^{-5}$ とせよ．

$$\left(10\times10^6+\frac{5.575\times10^{-1}}{v^2}\right)(v-6.510\times10^{-5}) = 8.314\times350$$

【解】　上式を次のように変形する．

$$v = \frac{8.314\times350}{10\times10^6+\dfrac{5.575\times10^{-1}}{v^2}}+6.510\times10^{-5}$$

初期値として $v_0=2.80\times10^{-4}$ を与えると，第 1 回目の近似値 v_1 が求められる．

$$v = \frac{8.314\times350}{10\times10^6+\dfrac{5.575\times10^{-1}}{(2.80\times10^{-4})^2}}+6.510\times10^{-5} = 2.3516\times10^{-4}$$

同様な計算を繰り返すと，42 回目で収束し，$v=1.4396\times10^{-4}$ が得られる（$\varepsilon=10^{-4}$ で

は 32 回目で $v=1.4400\times10^{-4}$). ■

5.2 ニュートン法

1つの初期値から微分を用いて非線形方程式の数値解を求める方法が，ニュートン (Newton) 法あるいはニュートン-ラプソン (Newton-Raphson) 法と呼ばれる数値計算法である．この方法は初期値 x_0 を与え，その点における $f(x)$ の接線と $f(x)=0$ (x軸) との交点を繰返し計算する方法である (図 5.6 参照).

ニュートン法の原理は，まず求める解 x の m 回目と $m+1$ 回目の値を x_m, x_{m+1} とし，$\varDelta x_{m+1}=x_{m+1}-x_m$ とする．次に $f(x)$ を x_m のまわりでテイラー展開する．

$$f(x_{m+1})=f(x_m+\varDelta x_{m+1})=f(x_m)+\frac{\varDelta x_{m+1}}{1!}f'(x_m)+\frac{\varDelta x_{m+1}{}^2}{2!}f''(x_m)+\cdots \tag{5.7}$$

ここで x_m が x_{m+1} のより近い近似値であれば，すなわち $\varDelta x_{m+1}$ が小さいとすれば，右辺の 2 次以上の高次項は 1 次項に比べて十分に小さく無視することができる．つまり，

$$f(x_{m+1})=f(x_m)+\varDelta x_{m+1}f'(x_m)=0 \tag{5.8}$$

であり，式 (5.8) において $f'(x_m)\neq0$ であれば，次式が得られる．

$$\varDelta x_{m+1}=-\frac{f(x_m)}{f'(x_m)}=(x_{m+1}-x_m)\quad(m=0,1,\cdots) \tag{5.9}$$

つまり，

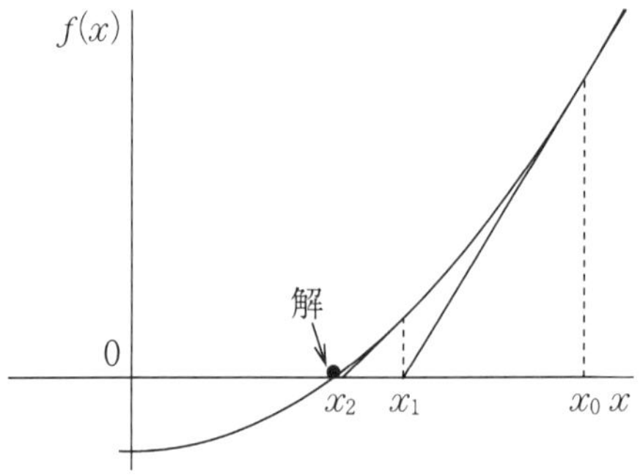

図 5.6 ニュートン法による収束過程

$$x_{m+1} = x_m - \frac{f(x_m)}{f'(x_m)} \tag{5.10}$$

である．つまりニュートン法を用いると，次の手順で解を求めることができる．

［計算の手順］

（1） $f'(x)$ の式を求める．

（2） x の初期値 x_0 を決定する．

（3） 式（5.9）より $\varDelta x_1$ を計算し，次式より x_1 を求める．

$$x_1 = x_0 + \varDelta x_1 = x_0 - \frac{f(x_0)}{f'(x_0)} \tag{5.10$'$}$$

（4） 以下同様に式（5.10）を用いて，新たな近似値を求めるための逐次計算を繰り返す．

（5） m 回目の x_m と $m+1$ 回目の x_{m+1} の差 $\varDelta x_{m+1}$ がきわめて小さくなり，その相対誤差が ε 以内に入ったときに，

$$\left| \frac{x_{m+1} - x_m}{x_{m+1}} \right| < \varepsilon \tag{5.11}$$

収束したとし，$x = x_{m+1}$ を解として計算を終了する．

ニュートン法は初期値が1点でよく，$f'(x)$ が求まる場合には，既に紹介した2分割法や単純代入法より収束回数がずっと少ない．しかし，$f'(x)$ がゼロまたはゼロに近い場合は $\varDelta x$ がきわめて大となるため，解が発散する場合がある．また，$f''(x) = 0$ つまり，変曲点をもつ場合も発散しやすい．したがって，ニュートン法を用いて方程式の解法を行うときには繰返し計算の過程において，常に次式によるチェックが必要である．

$$|f'(x_m)| \cong 0 \tag{5.12}$$

$$|f''(x_m)| \cong 0 \tag{5.13}$$

$$|x_{m+1} - x_m| > |x_m - x_{m-1}| \tag{5.14}$$

もし式（5.12），（5.13），（5.14）のいずれかが成立するときには，発散のおそれがあるため初期値を変更し再計算を行う必要がある．なお，$f'(x)$ の表現式が解析的に求められない，あるいは求めにくい場合には，差分商（差分）などによって $f'(x)$ を近似して数値的に計算する必要があるが，収束時間が長くなる場合があるので注意が必要である．

【例5.5】 $f(x) = x^2 - e^{-x} - 2 = 0$ の解をニュートン法により求めよ．ただし，初期値を

表5.3 ニュートン法の計算結果

m	x_m	$f(x_m)$	$f'(x_m)$	Δx_{m+1}	$\|(x_{m+1}-x_m)/x_{m+1}\|$
0	6.00000	3.3998×10	12.0025	-2.83254	(初期値)
1	3.16746	7.9907	6.3770	-1.25304	8.9426×10^{-1}
2	1.91442	1.5176	3.9763	-3.8166×10^{-1}	6.5453×10^{-1}
3	1.53276	1.3342×10^{-1}	3.2815	-4.0658×10^{-2}	2.4900×10^{-1}
4	1.49210	1.4721×10^{-3}	3.2091	-4.5874×10^{-4}	2.7249×10^{-2}
5	1.49164	1.8677×10^{-7}	3.2083	-5.8215×10^{-8}	3.0754×10^{-4}
6	1.49164				3.9028×10^{-8}

$x_0=6$，収束条件を $\varepsilon=10^{-5}$ とせよ．

【解】 まず，$f(x)=x^2-e^{-x}-2$ より，$f'(x)=2x+e^{-x}$ を得る．次に $x_0=6$ とすると，$f(x_0)=33.998$，$f'(x_0)=12.002$ であるから，次の近似値 x_1 が式（5.10）より，$x_1=6-33.998/12.002=3.167$ と計算される．ここで $|(x_{m+1}-x_m)/x_{m+1}|=0.8945>\varepsilon$ であるから，以下同様に近似値を求める計算を収束条件が満たされるまで繰り返すことで，解が求められる．計算結果を表5.3に示す．つまりニュートン法は，2分割法（表5.1）に比較してはるかに少ない6回で収束解が得られた．

【例5.6】 例5.2をニュートン法で求めよ．

【解】 例5.2の超越方程式は次のようである．

$$f(T) = 101.3-1.562\exp\left(17.5977-\frac{4,383}{T}\right)(0.200)$$
$$-1.044\exp\left(18.1621-\frac{5,054}{T}\right)(1-0.200) \tag{a}$$

この式の微分係数 $f'(T)$ を求めると，次のように表される．

$$f'(T) = -1.562\exp\left(17.5977-\frac{4,383}{T}\right)\times0.200\frac{4,383}{T^2}$$
$$-1.044\exp\left(18.1621-\frac{5,054}{T}\right)\times(1-0.200)\frac{5,054}{T^2} \tag{b}$$

以上より，次式に示すニュートン法により繰返し計算を行う．

表5.4 ニュートン法の計算結果

m	x_m	$f(x_m)$	$f'(x_m)$	Δx_{m+1}	$\|(x_{m+1}-x_m)/x_{m+1}\|$
0	373.100	-9.1636×10	-6.4819	-1.4137×10	(初期値)
1	358.963	-1.6538×10	-4.2662	-3.8766	3.9384×10^{-2}
2	355.086	-9.5650×10^{-1}	-3.7807	-2.5300×10^{-1}	1.0917×10^{-2}
3	354.833	-3.8063×10^{-3}	-3.7506	-1.0149×10^{-3}	7.1301×10^{-4}
4	354.832				2.8601×10^{-6}

$$T_{m+1} = T_m - \frac{f(T_m)}{f'(T_m)} \tag{c}$$

そこで初期値として $T_0=373.1$ を与えて，例5.6と同様に計算を行った．計算結果を表5.4に示す．結局4回目に $|(T_{m+1}-T_m)/T_{m+1}|<10^{-5}$ の収束条件を満足し，$T=354.832$ が得られる．■

5.3　3次方程式の根の公式

1変数の高次方程式の解は，4次方程式までは根の公式が存在し，5次式以上にはないことが証明されている．ここでは，よく用いられる3次方程式のカルダノ（Cardano）の公式について述べる．

3次方程式

$$f(x) = x^3+ax^2+bx+c = 0 \tag{5.15}$$

の実数解の数は，実係数 a，b，c の値により1から3まで変化する．カルダノの公式を用いると，3次方程式の解法は次の手順で行う．なお，虚根は求められない．

[計算手順]

（1） 式（5.15）中の x を変数 z で次のように変数変換し，

$$x = z-\frac{a}{3} \tag{5.16}$$

2次の項を消去した式（5.17）に変形する．

$$z^3+mz+n = 0 \tag{5.17}$$

ここで，

$$m = \frac{3b-a^2}{3} \tag{5.18}$$

$$n = \frac{2a^3-9ab+27c}{27} \tag{5.19}$$

（2） 式（5.17）の判別式 D を次式によって定義し，その値を求める．

$$D = \frac{n^2}{4}+\frac{m^3}{27} \tag{5.20}$$

（3） D の値の符号によって，次のように解を求める．

（i） $D<0$：異なる3実数解 z_1，z_2，z_3 をもつ．

$$z_1 = 2\sqrt{-\frac{m}{3}}\cos\left(\frac{\deg}{3}+120\right) \tag{5.21 a}$$

$$z_2 = 2\sqrt{-\frac{m}{3}}\cos\left(\frac{\deg}{3}+240\right) \tag{5.21 b}$$

$$z_3 = 2\sqrt{-\frac{m}{3}}\cos\left(\frac{\deg}{3}+360\right) \tag{5.21 c}$$

ここで，deg は度の単位をもち，以下の式から求める．

$n>0$ のとき　$\deg = \cos^{-1}\left(-\sqrt{\frac{n^2/4}{-m^3/27}}\right)$

$n<0$ のとき　$\deg = \cos^{-1}\left(\sqrt{\frac{n^2/4}{-m^3/27}}\right)$

（ii）　$D=0$：値が等しくなる重複解 $z_1(=z_2)$ とこれと異なる実数解 z_3 をもつ．

$n>0$ のとき　$z_1 = z_2 = \sqrt{-\frac{m}{3}}$　(5.22 a)

$z_3 = -2\sqrt{-\frac{m}{3}}$　(5.22 b)

$n<0$ のとき　$z_1 = z_2 = -\sqrt{-\frac{m}{3}}$　(5.23 a)

$z_3 = 2\sqrt{-\frac{m}{3}}$　(5.23 b)

（iii）　$D>0$：1つの実数解 z_1 をもつ．

$$z_1 = \left(-\frac{n}{2}+\sqrt{D}\right)^{1/3}+\left(-\frac{n}{2}-\sqrt{D}\right)^{1/3} \tag{5.24}$$

（4）　最後に式（5.16）によって z から求める解 x に値を変換する．

【例 5.7】　物質 A と B が反応して，物質 C が生成する気相反応を考える．

$$a\mathrm{A}+b\mathrm{B} \rightarrow c\mathrm{C} \tag{a}$$

ここで反応開始時の反応物質 A，B および生成物質 C の物質量を n_{A0}，n_{B0}，n_{C0} とする（通常 n_{C0} はゼロである）．また，反応が進行したある時間における各物質量を n_A，n_B，n_C とおくと，各物質の変化量を化学量論係数で割った値は反応進行度 ξ と呼ばれ，すべての物質について次式で表される．

$$\frac{n_{A0}-n_A}{a} = \frac{n_{B0}-n_B}{b} = \frac{n_C-n_{C0}}{c} = \xi \tag{b}$$

反応進行度は反応開始時をゼロとし，その単位はモルである．反応進行度が計算できれば，式（a）より各物質の組成（モル分率）が次式で計算できる．

$$x_A = \frac{n_A}{n_A + n_B + n_C} = \frac{n_{A0} - a\xi}{n_{A0} + n_{B0} + n_{C0} + (c - a - b)\,\xi}$$

$$x_B = \frac{n_B}{n_B + n_B + n_C} = \frac{n_{B0} - b\xi}{n_{A0} + n_{B0} + n_{C0} + (c - a - b)\,\xi}$$

$$x_C = \frac{n_C}{n_C + n_C + n_C} = \frac{n_{C0} + c\xi}{n_{A0} + n_{B0} + n_{C0} + (c - a - b)\,\xi} \qquad \text{(c)}$$

さてここで，式（a）の反応系が理想気体系であり，圧力 P(kPa)，温度 T(K) で化学平衡に達したとすると，その平衡定数 K_a は各物質の平衡組成 x_A，x_B，x_C より次式で定義され，

$$K_a = \left(\frac{P}{P^\circ}\right)^{c-a-b} \frac{x_C{}^c}{x_A{}^a x_B{}^b} \qquad \text{(d)}$$

反応進行度を用いると，

$$K_a = \left(\frac{P}{P^\circ}\right)^{c-a-b} \frac{(n_{C0} + c\xi)^c}{(n_{A0} - a\xi)^a (n_{B0} - b\xi)^b} \left(\frac{1}{\sum n_i}\right)^{c-a-b} \qquad \text{(e)}$$

ここで，$\sum n_i = n_{A0} + n_{B0} + n_{C0} + (c - a - b)\,\xi$ であり，P° は標準大気圧である．

したがって平衡組成は，まず反応進行度 ξ を平衡定数 K_a が既知として求め，次に ξ を式（c）に代入することにより求めることができる．

さて以下の問題について考える．次の気相反応　$2\,SO_2(g) + O_2(g) \rightarrow 2\,SO_3(g)$ の圧力 607.8 kPa，温度 1,000 K における平衡組成を求めよ．ただし，1,000 K における平衡定数 K_a は 2.91 とせよ．

【解】 題意より，SO_2，O_2，SO_3 の化学量論係数はそれぞれ $a=2$，$b=1$ および $c=2$ であり，反応圧力は $P=607.8$ kPa，また，反応開始時の物質量は $n_{A0}=2$，$n_{B0}=1$，$n_{C0}=0$ とすると，平衡定数 K_a と反応進行度 ξ の関係は式（e）より次式で与えられる．

$$K_a = \left(\frac{607.8}{101.3}\right)^{2-2-1} \frac{(2\xi)^2}{(2-2\xi)^2(1-\xi)} \left(\frac{1}{2+1+(2-2-1)\,\xi}\right)^{2-2-1}$$

$$= \left(\frac{607.8}{101.3}\right)^{-1} \frac{(2\xi)^2}{(2-2\xi)^2(1-\xi)} \left(\frac{1}{3-\xi}\right)^{-1} \qquad \text{(f)}$$

そこで $K_a=2.91$ を代入し，変形すると次の3次方程式が得られる．

$$16.46\xi^3 - 49.38\xi^2 + 52.38\xi - 17.46 = 0$$

$$\therefore \quad \xi^3 - 3.000\xi^2 + 3.182\xi - 1.061 = 0 \qquad \text{(g)}$$

そこで，反応進行度 ξ をカルダノ法を用いて求める．

まず，式（g）中の ξ を $\xi = z - (-3.000)/3 = z + 1.0000$ と，z で変数変換し次式を得る．

$$z^3 + mz + n = 0 \qquad \text{(h)}$$

ここで，

$$m = \frac{(3)(3.182) - (-3.000)^2}{3} = 0.1820$$

$$n = \frac{(2)(-3.000)^3 - (9)(-3.000)(3.182) + 27(-1.061)}{27} = 0.1210$$

これらより，判別式 D を式（5.20）から求める．

$$D = \frac{(0.1210)^2}{4} + \frac{(0.1820)^3}{27} = 0.003884 > 0$$

D は正であるので，1つの実数解 z_1 をもつ．よって，式（5.24）より，

$$z_1 = \left(-\frac{n}{2} + \sqrt{D}\right)^{1/3} + \left(-\frac{n}{2} - \sqrt{D}\right)^{1/3}$$

$$= \left(-\frac{0.1210}{2} + \sqrt{0.003884}\right)^{1/3} + \left(-\frac{0.1210}{2} - \sqrt{0.003884}\right)^{1/3} = -0.3749$$

この z_1 より反応進行度 ξ は次のように算出される．

$$\xi = -0.3749 + 1.0000 = 0.6251$$

以上より，ある時刻までに反応した A，B，C の物質量 n_A，n_B，n_C は，反応進行度 ξ を用いて次式

$$n_A = n_{A0} - a\xi$$
$$n_B = n_{B0} - b\xi$$
$$n_C = n_{C0} + c\xi \qquad \text{(i)}$$

により計算されることから，その時刻における各物質のモル分率は，次のように求められる．

$$x_A = \frac{n_A}{n_A + n_B + n_C} = \frac{n_{A0} - a\xi}{n_{A0} + n_{B0} + n_{C0} + (c - a - b)\xi}$$
$$= \frac{2 - 2\xi}{3 - \xi} = \frac{2 - (2)(0.6251)}{3 - 0.6251} = 0.316 \text{（モル分率）}$$

$$x_B = \frac{n_B}{n_B + n_B + n_C} = \frac{n_{B0} - b\xi}{n_{A0} + n_{B0} + n_{C0} + (c - a - b)\xi}$$
$$= \frac{1 - \xi}{3 - \xi} = \frac{1 - 0.6251}{3 - 0.6251} = 0.158 \text{（モル分率）}$$

$$x_C = \frac{n_C}{n_A + n_B + n_C} = \frac{n_{C0} + c\xi}{n_{A0} + n_{B0} + n_{C0} + (c - a - b)\xi}$$
$$= \frac{2\xi}{3 - \xi} = \frac{(2)(0.6251)}{3 - 0.6251} = 0.526 \text{（モル分率）}$$

■

5.4 連立非線形方程式

2つの変数 x，y を含む2変数非線形方程式の解は，式（5.25）のような2元連立非線形方程式を解くことにより求められる．

$$f_1(x, y) = 0, \qquad f_2(x, y) = 0 \qquad (5.25)$$

2元連立非線形方程式の解法については，1変数非線形方程式のそれを拡張したいろいろな方法が適用できるが，最も有用なニュートン法について解説する．

その原理は，$m+1$ 回目の解 x_{m+1}，y_{m+1} と m 回目の解 x_m，y_m との差をそれぞれ Δx_{m+1}，Δy_{m+1} とする（$\Delta x_{m+1}=x_{m+1}-x_m$，$\Delta y_{m+1}=y_{m+1}-y_m$）．次に $f_1(x, y)$ と $f_2(x, y)$ を点 (x_m, y_m) のまわりでテイラー展開する．

$$\begin{aligned} f_1(x_{m+1}, y_{m+1}) &= f_1(x_m+\Delta x_{m+1}, y_m+\Delta y_{m+1}) \\ &= f_1(x_m, y_m)+\frac{\Delta x_{m+1}}{1!}\frac{\partial f_1(x_m, y_m)}{\partial x}+\frac{\Delta y_{m+1}}{1!}\frac{\partial f_1(x_m, y_m)}{\partial y}+\cdots \\ f_2(x_{m+1}, y_{m+1}) &= f_2(x_m+\Delta x_{m+1}, y_m+\Delta y_{m+1}) \\ &= f_2(x_m, y_m)+\frac{\Delta x_{m+1}}{1!}\frac{\partial f_2(x_m, y_m)}{\partial x}+\frac{\Delta y_{m+1}}{1!}\frac{\partial f_2(x_m, y_m)}{\partial y}+\cdots \end{aligned} \tag{5.26}$$

なお，式（5.26）で $\partial f_1(x_m, y_m)/\partial x$，$\partial f_1(x_m, y_m)/\partial y$ などは，関数 $\partial f_1/\partial x$ あるいは $\partial f_1/\partial y$ に (x_m, y_m) の値を代入した場合の $\partial f_1/\partial x$ あるいは $\partial f_1/\partial y$ の値を意味する．

ここで式（5.26）の右辺の2次微分項以降を無視し，式（5.25）に当てはめると，

$$f_1(x_{m+1}, y_{m+1}) = f_1(x_m+\Delta x_{m+1}, y_m+\Delta y_{m+1}) = 0$$
$$f_2(x_{m+1}, y_{m+1}) = f_2(x_m+\Delta x_{m+1}, y_m+\Delta y_{m+1}) = 0$$

であるから，式（5.26）は次のように表される．

$$\begin{aligned} \frac{\partial f_1(x_m, y_m)}{\partial x}\Delta x_{m+1}+\frac{\partial f_1(x_m, y_m)}{\partial y}\Delta y_{m+1} &= -f_1(x_m, y_m) \\ \frac{\partial f_2(x_m, y_m)}{\partial x}\Delta x_{m+1}+\frac{\partial f_2(x_m, y_m)}{\partial y}\Delta y_{m+1} &= -f_2(x_m, y_m) \end{aligned} \tag{5.27}$$

そこで，式（5.27）を2元連立1次方程式として Δx_{m+1}，Δy_{m+1} について解くことにより，次の近似値が $x_{m+1}=x_m+\Delta x_{m+1}$，$y_{m+1}=y_m+\Delta y_{m+1}$ より求められる．このような繰返し計算を収束条件を満たすまで行えば，x と y の解を求めることができる．

ニュートン法の具体的な解法の手順は，以下のように示される．

[計算の手順]

（1）$f_1(x, y)$ の偏微分係数 $\partial f_1(x, y)/\partial x$，$\partial f_1(x, y)/\partial y$ および $f_2(x, y)$ の

偏微分係数 $\partial f_2(x, y)/\partial x$，$\partial f_2(x, y)/\partial y$ を導出する．

（2） x および y の初期値 x_0，y_0 を与える．

（3） 式（5.27）を解くことにより Δx_1，Δy_1 を計算する．

（4） 1回目の近似値として，x_1，y_1 を次式で求める．

$$x_1 = x_0 + \Delta x_1, \quad y_1 = y_0 + \Delta y_1 \tag{5.28}$$

（5） 新たな近似値として x_1，y_1 を用いて以下同様な計算を繰り返し，m 回目の x_m と $m+1$ 回目の x_{m+1} の差および y_m と y_{m+1} の差が，同時にきわめて小さくなり，その相対値が共に許容誤差内に入ったときに，

$$\left|\frac{x_{m+1}-x_m}{x_{m+1}}\right| < \varepsilon_x, \quad \left|\frac{y_{m+1}-y_m}{y_{m+1}}\right| < \varepsilon_y \tag{5.29}$$

収束したとし，$x = x_{m+1}$ および $y = y_{m+1}$ を解として計算を終了する．ただし，ε_x，ε_y は小さな正の数値である．

以上のニュートン法は，以下の式（5.30）のような3変数以上の多変数非線形方程式の解法にも拡張できる．

$$\begin{aligned} f_1(x(1), x(2), \cdots, x(n)) &= 0 \\ f_2(x(1), x(2), \cdots, x(n)) &= 0 \\ &\cdots \\ f_n(x(1), x(2), \cdots x(n)) &= 0 \end{aligned} \tag{5.30}$$

求める解 $x(1), x(2), \cdots, x(n)$ の近似値 $x(1)_0, x(2)_0, \cdots, x(n)_0$ のまわりでテイラー展開し，2次微分項以降を無視すると，式（5.27）を n 変数に拡張した次式が導かれる．

$$\begin{aligned} \frac{\partial f_1}{\partial x(1)}\Delta x(1)_1 + \frac{\partial f_1}{\partial x(2)}\Delta x(2)_1 + \cdots + \frac{\partial f_1}{\partial x(n)}\Delta x(n)_1 &= -f_1(x(1)_0, x(2)_0, \cdots, x(n)_0) \\ \frac{\partial f_2}{\partial x(1)}\Delta x(1)_1 + \frac{\partial f_2}{\partial x(2)}\Delta x(2)_1 + \cdots + \frac{\partial f_2}{\partial x(n)}\Delta x(n)_1 &= -f_2(x(1)_0, x(2)_0, \cdots, x(n)_0) \\ &\cdots \\ \frac{\partial f_n}{\partial x(1)}\Delta x(1)_1 + \frac{\partial f_n}{\partial x(2)}\Delta x(2)_1 + \cdots + \frac{\partial f_n}{\partial x(n)}\Delta x(n)_1 &= -f_n(x(1)_0, x(2)_0, \cdots, x(n)_0) \end{aligned} \tag{5.31}$$

連立1次方程式，式（5.31）中の $x(1)_0, x(2)_0, \cdots, x(n)_0$ における解 $\Delta x(1)_1$, $\Delta x(2)_1, \cdots, \Delta x(n)_1$ を用いて，2回目の近似値が計算できる．

$$x(1)_1 = x(1)_0 + \varDelta x(1)_1$$
$$x(2)_1 = x(2)_0 + \varDelta x(2)_1$$
$$\cdots$$
$$x(n)_1 = x(n)_0 + \varDelta x(n)_1 \qquad (5.32)$$

以下同様な計算を収束条件を満足するまで繰り返すことにより，解が求められる．

なお，1変数非線形方程式の解法におけるニュートン法の場合と同様に，多変数非線形方程式においてもニュートン法の式（5.27）および式（5.31）中の偏微分係数を要素とする係数行列式（ヤコビアン）がゼロまたはゼロに近づくと，式（5.27）および式（5.31）から $\varDelta x$ を求めることができない．したがって，この場合も1変数と同様に繰返し計算におけるヤコビアンの要素の変化を監視し，解の収束状況をチェックすることが必要となる．もし解が発散傾向を示す場合には，初期値を変更し再計算を行う．

【例 5.8】　次の連立方程式をニュートン法によって解け．ただし，初期値を $x_0=0.10$, $y_0=0.10$ とし，収束条件は $\varepsilon_x=\varepsilon_y=10^{-5}$ とせよ．

$$f_1(x, y) = \ln x + y + 0.643 = 0$$
$$f_2(x, y) = x + \ln y + 1.025 = 0$$

【解】　まず $f_1(x, y)$ および $f_2(x, y)$ の偏微分係数を求める．

$$\frac{\partial f_1(x, y)}{\partial x} = \frac{1}{x}, \qquad \frac{\partial f_1(x, y)}{\partial y} = 1$$
$$\frac{\partial f_2(x, y)}{\partial x} = 1, \qquad \frac{\partial f_2(x, y)}{\partial y} = \frac{1}{y}$$

次に初期値 $x_0=0.10$, $y_0=0.10$ より，$f_1(x_0, y_0)=-1.600$, $\partial f_1(x_0, y_0)/\partial x=10$, $f_2(x_0, y_0)=-1.178$, $\partial f_2(x_0, y_0)/\partial y=10$ と計算されるので，式（5.27）を解くことにより $\varDelta x_1=0.1456$, $\varDelta y_1=0.1032$ が得られる．これより，次の近似値 x_1, y_1 が式（5.28）より，$x_1=0.2456$, $y_1=0.2032$ と与えられる．ここで，$|(x_{m+1}-x_m)/x_{m+1}|=5.929\times10^{-1}>\varepsilon_x$, $|(y_{m+1}-y_m)/y_{m+1}|=5.079\times10^{-1}>\varepsilon_y$ であるから，以下同様に近似値を求める計算を収束条件が満たされるまで繰り返すことにより，解が求められる．計算結果を表5.5に示す．なお，$f_1(x, y)$ および $f_2(x, y)$ を変形して得られる次の2つの関数のグラフ上の交点は，

$$y = -\ln x - 0.643$$
$$y = e^{(-x-1.025)}$$

この連立方程式の解であり，本例題では交点の数が1つ，つまり1組の根しか存在しないことが作図によって確認できる．

表5.5　ニュートン法による2元連立非線形方程式の計算結果

m	x_m	y_m	f_1	f_2	Δx_{m+1}	Δy_{m+1}	$\left\lvert\dfrac{x_{m+1}-x_m}{x_{m+1}}\right\rvert$	$\left\lvert\dfrac{y_{m+1}-y_m}{y_{m+1}}\right\rvert$
0	0.100000	0.100000	-1.5596	-1.1776	1.4564×10^{-1}	1.0319×10^{-1}	（初期値）	（初期値）
1	0.245639	0.203195	-5.5770×10^{-1}	-3.2295×10^{-1}	1.2722×10^{-1}	3.9771×10^{-2}	5.9290×10^{-1}	5.0786×10^{-1}
2	0.372862	0.242966	-1.0058×10^{-1}	-1.6973×10^{-2}	3.9548×10^{-2}	-5.4850×10^{-3}	3.4121×10^{-1}	1.6369×10^{-1}
3	0.412410	0.237481	-5.2564×10^{-3}	-2.5872×10^{-4}	2.3751×10^{-3}	-5.0260×10^{-4}	9.5895×10^{-2}	2.3096×10^{-2}
4	0.414785	0.236978	-1.6520×10^{-5}	-2.2427×10^{-6}	7.3547×10^{-6}	-1.2114×10^{-6}	5.7261×10^{-3}	2.1209×10^{-3}
5	0.414792	0.236977	-1.5720×10^{-10}	-1.3066×10^{-11}	7.0888×10^{-11}	-1.3702×10^{-11}	1.7731×10^{-5}	5.1120×10^{-6}
6	0.414792	0.236977					1.7090×10^{-10}	5.7822×10^{-11}

しかし，非線形方程式ではしばしば複数の解が存在するため，この点には十分の注意が必要である．■

演　習　問　題

5.1　次の3次方程式の解を（a）2分割法（初期値 $x_0=0$，$x_1=1$），（b）ニュートン法（初期値 $x_0=1$）を用いて求めよ．ただし，収束条件はともに $\varepsilon=10^{-5}$ とせよ．

$$x^3-7x^2+12x-2=0$$

5.2　演習問題5.1の解をカルダノ法を用いて求めよ．

5.3　例5.1の解を単純代入法を用いて求めよ．ただし，収束条件を $\varepsilon=10^{-5}$ とせよ．

5.4　例5.7の反応進行度 ξ をニュートン法を用いて求めよ．ただし，初期値を $x_0=1$ とし，収束条件を $\varepsilon=10^{-5}$ とせよ．

5.5　次の2元連立非線形方程式の解をニュートン法で求めよ．

$$f_1(x,y)=2\ln x+y+0.892=0$$

$$f_2(x,y)=\frac{x}{2}+\ln y+1.005=0$$

ただし，初期値を $x_0=0.1$，$y_0=0.1$ とし，収束条件は $\varepsilon_x=\varepsilon_y=10^{-5}$ とせよ．

6. 線　形　代　数

スプライン関数による補間計算，最小2乗法による実験データの式化やニュートン法による連立非線形方程式などの問題を解くためには，多元連立1次方程式を解かなければならない．多元連立1次方程式の解法には，行列式を用いるクラメール法や，行列によるガウス-ジョルダンの消去法および逆行列を用いる消去法などが知られている．また，反復計算を用いて解を求めるガウス-ザイデル法も有用である．

本章では最初に解法の基礎となる行列に関する基礎事項について概説し，次によく用いられる多元連立1次方程式の解法を解説する．

6.1 行列式と行列

行列（マトリックス）は $m\times n$ 個の数を m 行，n 列に配列し（　）あるいは［　］で囲んだものであり，記号 $\boldsymbol{A}$ を用いると，

$$\boldsymbol{A}=\begin{bmatrix} a_{11} & a_{12} & \cdots & a_{1n} \\ a_{21} & a_{22} & \cdots & a_{2n} \\ \vdots & \vdots & & \vdots \\ a_{m1} & a_{m2} & \cdots & a_{mn} \end{bmatrix} \tag{6.1}$$

であり，この $\boldsymbol{A}$ を m 行 n 列の行列または (m, n) 行列という（行列に対して単なる数 k をスカラー k と呼ぶ）．ここで［　］の中に並べた個々の数 a_{ij} を i 行 j 列の要素または (i, j) 要素と呼ぶ．

行列には以下のようなものがある．

（1）　(m, m) 行列 $\boldsymbol{A}$ のように行と列の数がともに m に等しい行列を m 次正方行列と呼ぶ．

$$A = \begin{bmatrix} a_{11} & a_{12} & \cdots & a_{1m} \\ a_{21} & a_{22} & \cdots & a_{2m} \\ \vdots & \vdots & & \vdots \\ a_{m1} & a_{m2} & \cdots & a_{mm} \end{bmatrix}$$

（2） $(m, 1)$行列 $\boldsymbol{A}$ を m 次元列ベクトルという．

$$\boldsymbol{A} = \begin{bmatrix} a_{11} \\ a_{21} \\ \vdots \\ a_{m1} \end{bmatrix}$$

（3） $(1, m)$行列 $\boldsymbol{A}$ を m 次元行ベクトルと呼ぶ．

$$\boldsymbol{A} = [a_{11} \quad a_{12} \quad \cdots \quad a_{1m}]$$

（4） すべての要素がゼロからなる行または列ベクトルを零ベクトル，すべての要素がゼロである(m, n)行列を零行列と呼び，$\boldsymbol{0}$ と書く．

（5） (m, n)行列 $\boldsymbol{A}$ の行と列を入れ換えてできる行列を転置行列と呼び，$\boldsymbol{A}^T$ で表す．

（6） m 次正方行列において，すべての i，j に対して $a_{ji}=a_{ij}$ であるとき $\boldsymbol{A}^T=\boldsymbol{A}$ が成立する．$\boldsymbol{A}$ を m 次対称行列と呼ぶ．

（7） m 次正方行列の $a_{11}, a_{22}, \cdots, a_{mm}$ は主対角要素であり，主対角要素以外の要素（非対角要素）がすべてゼロである行列を m 次対角行列と呼び，記号 $\boldsymbol{D}$ で表す．

$$\boldsymbol{D} = \begin{bmatrix} a_{11} & 0 & \cdots & 0 \\ 0 & a_{22} & \cdots & 0 \\ \vdots & \vdots & \ddots & \vdots \\ 0 & 0 & \cdots & a_{mm} \end{bmatrix}$$

（8） m 次正方行列の主対角要素がすべて 1 である対角行列を m 次単位行列 $\boldsymbol{I}_m$（あるいは単に $\boldsymbol{I}$）といい，スカラーの場合の 1 と同じ役割をする．

$$\boldsymbol{I} = \begin{bmatrix} 1 & 0 & \cdots & 0 \\ 0 & 1 & \cdots & 0 \\ \vdots & \vdots & \ddots & \vdots \\ 0 & 0 & \cdots & 1 \end{bmatrix}$$

すなわち(m, n)行列 $\boldsymbol{A}$ に対して，$\boldsymbol{A}\boldsymbol{I}_n=\boldsymbol{A}$，$\boldsymbol{I}_m\boldsymbol{A}=\boldsymbol{A}$ が成立する．

（9） m 次正方行列 $\boldsymbol{A}$ とその転置行列 $\boldsymbol{A}^T$ の間に，$\boldsymbol{A}\boldsymbol{A}^T=\boldsymbol{I}$ が成立するとき，$\boldsymbol{A}$ を直交行列という．

(10) i 番目の要素が1で，その他の成分がすべてゼロの列ベクトルを基本(列) ベクトルと呼び，記号 e_j で表す．

$$e_1 = \begin{bmatrix} 1 \\ 0 \\ 0 \\ \vdots \\ 0 \end{bmatrix}, \quad e_2 = \begin{bmatrix} 0 \\ 1 \\ 0 \\ \vdots \\ 0 \end{bmatrix}, \quad \cdots, \quad e_m = \begin{bmatrix} 0 \\ \vdots \\ 0 \\ 0 \\ 1 \end{bmatrix}$$

a. 行列の相等と加減算

行列 $\boldsymbol{A}$ と $\boldsymbol{B}$ がともに (m, n) 行列であるとき同じ型の行列であるといい，同じ型で対応する要素 a_{ij} と b_{ij} がすべて等しいとき行列 $\boldsymbol{A}$ と $\boldsymbol{B}$ は等しいといい，$\boldsymbol{A}=\boldsymbol{B}$ で表す．

次に2次正方行列 $\boldsymbol{A}$ および $\boldsymbol{B}$ について加減算を行ってみよう．行列 $\boldsymbol{A}$ と行列 $\boldsymbol{B}$ を加えると，

$$\boldsymbol{C} = \boldsymbol{A}+\boldsymbol{B} = \begin{bmatrix} a_{11} & a_{12} \\ a_{21} & a_{22} \end{bmatrix} + \begin{bmatrix} b_{11} & b_{12} \\ b_{21} & b_{22} \end{bmatrix} = \begin{bmatrix} a_{11}+b_{11} & a_{12}+b_{12} \\ a_{21}+b_{21} & a_{22}+b_{22} \end{bmatrix} \quad (6.2)$$

行列 $\boldsymbol{A}$ から行列 $\boldsymbol{B}$ を引くと，

$$\boldsymbol{C} = \boldsymbol{A}-\boldsymbol{B} = \begin{bmatrix} a_{11} & a_{12} \\ a_{21} & a_{22} \end{bmatrix} - \begin{bmatrix} b_{11} & b_{12} \\ b_{21} & b_{22} \end{bmatrix} = \begin{bmatrix} a_{11}-b_{11} & a_{12}-b_{12} \\ a_{21}-b_{21} & a_{22}-b_{22} \end{bmatrix} \quad (6.3)$$

【例 6.1】 $\begin{bmatrix} 4 & -1 \\ 3 & 2 \end{bmatrix} + \boldsymbol{X} = \begin{bmatrix} 5 & 2 \\ -1 & 4 \end{bmatrix}$ を満たす2次の正方行列 $\boldsymbol{X}$ を求めよ．

【解】

$\boldsymbol{X} = \begin{bmatrix} x_{11} & x_{12} \\ x_{21} & x_{22} \end{bmatrix}$ とすると，$\begin{bmatrix} 4+x_{11} & -1+x_{12} \\ 3+x_{21} & 2+x_{22} \end{bmatrix} = \begin{bmatrix} 5 & 2 \\ -1 & 4 \end{bmatrix}$ より，

$$4+x_{11} = 5, \quad -1+x_{12} = 2$$
$$3+x_{21} = -1, \quad 2+x_{22} = 4$$

∴ 求める行列は，$\boldsymbol{X} = \begin{bmatrix} 1 & 3 \\ -4 & 2 \end{bmatrix}$ ■

b. 行列の乗算

まず，スカラー k を2次正方行列 $\boldsymbol{A}$ に掛けると，

$$C = kA = k\begin{bmatrix} a_{11} & a_{12} \\ a_{21} & a_{22} \end{bmatrix} = \begin{bmatrix} ka_{11} & ka_{12} \\ ka_{21} & ka_{22} \end{bmatrix} \tag{6.4}$$

である．

次に行列 $\boldsymbol{A}(a_{ij})$を(m, n)行列，$\boldsymbol{B}(b_{ij})$を(p, q)行列とするとき，$\boldsymbol{A}$と$\boldsymbol{B}$の乗算は$\boldsymbol{A}$の列の数nと$\boldsymbol{B}$の行の数pが等しい（$n=p$）場合に可能であり，この$\boldsymbol{A}$と$\boldsymbol{B}$は整合しているという．得られる行列$\boldsymbol{C}(c_{ij})$は(m, q)行列となる．例えば，(2,2)行列$\boldsymbol{A}$と(2,1)行列$\boldsymbol{B}$の乗算の結果は，以下のように(2,1)行列である．

$$C = AB = \begin{bmatrix} a_{11} & a_{12} \\ a_{21} & a_{22} \end{bmatrix}\begin{bmatrix} b_{11} \\ b_{21} \end{bmatrix} = \begin{bmatrix} a_{11}b_{11}+a_{12}b_{21} \\ a_{21}b_{11}+a_{22}b_{21} \end{bmatrix} \tag{6.5}$$

これが(2,2)行列$\boldsymbol{A}$と(2,2)行列$\boldsymbol{B}$の乗算では，

$$C = AB = \begin{bmatrix} a_{11} & a_{12} \\ a_{21} & a_{22} \end{bmatrix}\begin{bmatrix} b_{11} & b_{12} \\ b_{21} & b_{22} \end{bmatrix} = \begin{bmatrix} a_{11}b_{11}+a_{12}b_{21} & a_{11}b_{12}+a_{12}b_{22} \\ a_{21}b_{11}+a_{22}b_{21} & a_{21}b_{12}+a_{22}b_{22} \end{bmatrix} \tag{6.6}$$

一方，順序を逆にして乗算を行うと，$\boldsymbol{BA}$は

$$C = BA = \begin{bmatrix} b_{11} & b_{12} \\ b_{21} & b_{22} \end{bmatrix}\begin{bmatrix} a_{11} & a_{12} \\ a_{21} & a_{22} \end{bmatrix} = \begin{bmatrix} b_{11}a_{11}+b_{12}a_{21} & b_{11}a_{12}+b_{12}a_{22} \\ b_{21}a_{11}+b_{22}a_{21} & b_{21}a_{12}+b_{22}a_{22} \end{bmatrix} \tag{6.7}$$

であり，一般に式（6.6）および式（6.7）より$\boldsymbol{AB} \neq \boldsymbol{BA}$となる．なお，$(m, n)$行列$\boldsymbol{A}$と$(n, q)$行列$\boldsymbol{B}$の積$(m, q)$行列$\boldsymbol{C}$の各要素は次のようになる．

$$C_{ij} = \sum a_{ik}b_{kj} \quad (i = 1, 2, \cdots, m\,;\, j = 1, 2, \cdots, q) \tag{6.8}$$

【例 6.2】 $\begin{bmatrix} -2 & 4 \\ 6 & 2 \end{bmatrix}\boldsymbol{X} = \begin{bmatrix} 16 & -2 \\ -2 & 20 \end{bmatrix}$を満たす2次の正方行列$\boldsymbol{X}$を求めよ．

【解】

$\boldsymbol{X} = \begin{bmatrix} x_{11} & x_{12} \\ x_{21} & x_{22} \end{bmatrix}$とすると，$\begin{bmatrix} -2x_{11}+4x_{21} & -2x_{12}+4x_{22} \\ 6x_{11}+2x_{21} & 6x_{12}+2x_{22} \end{bmatrix} = \begin{bmatrix} 16 & -2 \\ -2 & 20 \end{bmatrix}$より，

$$-2x_{11}+4x_{21} = 16 \qquad -2x_{12}+4x_{22} = -2$$
$$6x_{11}+2x_{21} = -2 \qquad 6x_{12}+2x_{22} = 20$$

以上の連立方程式を解くことにより，求める行列は，$\boldsymbol{X} = \begin{bmatrix} -2 & 3 \\ 5 & 1 \end{bmatrix}$ ■

c. 単位行列と逆行列

一般にm次正方行列$\boldsymbol{A}$に対して，$\boldsymbol{I}$を単位行列として，

$$AB = I \quad \text{かつ} \quad BA = I \tag{6.9}$$

である m次正方行列 $\boldsymbol{B}$ が存在するとき，$\boldsymbol{A}$ を正則行列，$\boldsymbol{B}$ を $\boldsymbol{A}$ の逆行列と呼び，$\boldsymbol{A}^{-1}$ で表す．なお，$\boldsymbol{A}$ が直交行列であるとき，$\boldsymbol{A}^{-1}=\boldsymbol{A}^{T}$ である．

d. 連立 1 次方程式と行列

m 個の変数 $x_1, x_2, \cdots, x_m$ をもつ m 元連立 1 次方程式である式（6.10）は，

$$\begin{aligned} a_{11}x_1+a_{12}x_2+\cdots+a_{1m}x_m &= b_1 \\ a_{21}x_1+a_{22}x_2+\cdots+a_{2m}x_m &= b_2 \\ &\cdots \\ a_{m1}x_1+a_{m2}x_2+\cdots+a_{mm}x_m &= b_m \end{aligned} \tag{6.10}$$

行列を用いて表すと，次のように表される．

$$\begin{bmatrix} a_{11} & a_{12} & \cdots & a_{1m} \\ a_{21} & a_{22} & \cdots & a_{2m} \\ \vdots & \vdots & \ddots & \vdots \\ a_{m1} & a_{m2} & \cdots & a_{mm} \end{bmatrix} \begin{bmatrix} x_1 \\ x_2 \\ \vdots \\ x_m \end{bmatrix} = \begin{bmatrix} b_1 \\ b_2 \\ \vdots \\ b_m \end{bmatrix} \tag{6.11}$$

これは，さらに簡単に

$$\boldsymbol{AX} = \boldsymbol{B} \tag{6.12}$$

と書き表される．ここで，$\boldsymbol{A}$ は連立 1 次方程式の係数を表す正方行列であり係数行列と呼ばれ，$\boldsymbol{X}$ は未知数の列ベクトル，$\boldsymbol{B}$ は定数項からなる列ベクトルである．この連立方程式の解は，行列 $\boldsymbol{A}$（係数行列）の逆行列 $\boldsymbol{A}^{-1}$ を用いることにより，次のように直ちに解が求められる．

$$\boldsymbol{X} = \boldsymbol{A}^{-1}\boldsymbol{B} \tag{6.13}$$

e. 行列式とクラメールの公式

行列式とは，正方行列から得られる 1 つの単なる数（スカラー）として定義される．つまり，行列は多元量，行列式は単元量であり，形は似ているが行列と行列式はまったく異なる．また行列 $\boldsymbol{A}$ の行列式は，記号 det $\boldsymbol{A}$，$|\boldsymbol{A}|$ などで表す．例えば，2 次正方行列の行列式は，

$$|\boldsymbol{A}| = \begin{vmatrix} a_{11} & a_{12} \\ a_{21} & a_{22} \end{vmatrix} = a_{11}a_{22}-a_{21}a_{12} \tag{6.14}$$

であり，3 次正方行列では，

$$|\boldsymbol{A}| = \begin{vmatrix} a_{11} & a_{12} & a_{13} \\ a_{21} & a_{22} & a_{23} \\ a_{31} & a_{32} & a_{33} \end{vmatrix} = a_{11}|\boldsymbol{A}_{11}| - a_{12}|\boldsymbol{A}_{12}| + a_{13}|\boldsymbol{A}_{13}| \qquad (6.15)$$

となる．式（6.15）中，$\boldsymbol{A}_{1i}$ は 1 行 i 列を除いて得られる小行列と呼ばれる 2 次正方行列であり，3 つの小行列 $\boldsymbol{A}_{11}$，$\boldsymbol{A}_{12}$，$\boldsymbol{A}_{13}$ の各行列式（これを小行列式という）は次のように表される．

$$|\boldsymbol{A}_{11}| = \begin{vmatrix} a_{22} & a_{23} \\ a_{32} & a_{33} \end{vmatrix} \qquad (6.16\,\mathrm{a})$$

$$|\boldsymbol{A}_{12}| = \begin{vmatrix} a_{21} & a_{23} \\ a_{31} & a_{33} \end{vmatrix} \qquad (6.16\,\mathrm{b})$$

$$|\boldsymbol{A}_{13}| = \begin{vmatrix} a_{21} & a_{22} \\ a_{31} & a_{32} \end{vmatrix} \qquad (6.16\,\mathrm{c})$$

式（6.15）中の $a_{1i}|\boldsymbol{A}_{1i}|$ についている正負の符号は，i が奇数のときは正で，偶数のときは負と定義されている．したがって，求める 3 次正方行列の行列式は次の式（6.17）で与えられる．

$$\begin{aligned} |\boldsymbol{A}| &= a_{11}\begin{vmatrix} a_{22} & a_{23} \\ a_{32} & a_{33} \end{vmatrix} - a_{12}\begin{vmatrix} a_{21} & a_{23} \\ a_{31} & a_{33} \end{vmatrix} + a_{13}\begin{vmatrix} a_{21} & a_{22} \\ a_{31} & a_{32} \end{vmatrix} \\ &= a_{11}(a_{22}a_{33} - a_{32}a_{23}) - a_{12}(a_{21}a_{33} - a_{31}a_{23}) + a_{13}(a_{21}a_{32} - a_{31}a_{22}) \\ &= a_{11}a_{22}a_{33} - a_{11}a_{23}a_{32} - a_{12}a_{21}a_{33} + a_{12}a_{23}a_{31} + a_{13}a_{21}a_{32} - a_{13}a_{22}a_{31} \end{aligned} \qquad (6.17)$$

【例 6.3】 次の行列について行列式 $|\boldsymbol{A}|$ を求めよ．

(1) $\boldsymbol{A} = \begin{bmatrix} 1 & 2 \\ 4 & 3 \end{bmatrix}$，　(2) $\boldsymbol{A} = \begin{bmatrix} 4 & 2 & 6 \\ -1 & 2 & 0 \\ 0 & 2 & 3 \end{bmatrix}$

【解】

（1）$|\boldsymbol{A}| = \begin{vmatrix} 1 & 2 \\ 4 & 3 \end{vmatrix} = 1\times3 - 4\times2 = 3 - 8 = -5$

（2）
$$\begin{aligned} |\boldsymbol{A}| &= \begin{vmatrix} 4 & 2 & 6 \\ -1 & 2 & 0 \\ 0 & 2 & 3 \end{vmatrix} = 4\begin{vmatrix} 2 & 0 \\ 2 & 3 \end{vmatrix} - 2\begin{vmatrix} -1 & 0 \\ 0 & 3 \end{vmatrix} + 6\begin{vmatrix} -1 & 2 \\ 0 & 2 \end{vmatrix} \\ &= 4(2\times3 - 2\times0) - 2[(-1)\times3 - 0\times0] + 6[(-1)\times2 - 0\times2] \\ &= 4\times6 - 2\times(-3) + 6\times(-2) \\ &= 18 \end{aligned}$$

∎

以上のように，行列式は正方行列についてのみから与えられた1つの値をもつスカラー量（単元量）であるのに対し，行列は $m\times n$ 個の要素が配列された多元量であることに注意されたい．

さて，次の2元連立1次方程式の解 x_1，x_2 は，

$$a_{11}x_1+a_{12}x_2=b_1$$
$$a_{21}x_1+a_{22}x_2=b_2$$

$a_{11}a_{22}-a_{12}a_{21}\neq 0$ のとき次のように与えられる．

$$x_1=\frac{a_{22}b_1-a_{12}b_2}{a_{11}a_{22}-a_{12}a_{21}}$$

$$x_2=\frac{a_{11}b_2-a_{21}b_1}{a_{11}a_{22}-a_{12}a_{21}} \tag{6.18}$$

ここで2つの解について行列式を用いて書き直すと，

$$|\boldsymbol{A}|=\begin{vmatrix}a_{11} & a_{12}\\ a_{21} & a_{22}\end{vmatrix}=a_{11}a_{22}-a_{21}a_{12} \tag{6.19}$$

$$|\boldsymbol{A}_{x1}|=\begin{vmatrix}b_1 & a_{12}\\ b_2 & a_{22}\end{vmatrix}=b_1a_{22}-b_2a_{12} \tag{6.20}$$

$$|\boldsymbol{A}_{x2}|=\begin{vmatrix}a_{11} & b_1\\ a_{21} & b_2\end{vmatrix}=a_{11}b_2-a_{21}b_1 \tag{6.21}$$

として，行列式で表すことによって，2元連立1次方程式の解 x_1，x_2 は次式で表される．

$$x_1=\frac{|\boldsymbol{A}_{x1}|}{|\boldsymbol{A}|},\qquad x_2=\frac{|\boldsymbol{A}_{x2}|}{|\boldsymbol{A}|} \tag{6.22}$$

ここで $|\boldsymbol{A}_{x1}|$ は $|\boldsymbol{A}|$ の第1列を b_1，b_2 で置き換えた行列式，$|\boldsymbol{A}_{x2}|$ は $|\boldsymbol{A}|$ の第2列を b_1，b_2 で置き換えた行列式である．このような行列式を用いる連立1次方程式の解法をクラメール（Cramer）の公式と呼ぶ．クラメールの公式は2元連立1次方程式だけでなく，m 元連立1次方程式の解法に容易に拡張できる．

しかし，その公式は式（6.22）に示すように，分母が行列式 $|\boldsymbol{A}|$ であるから $|\boldsymbol{A}|\neq 0$ のときのみ意味があり，$|\boldsymbol{A}|=0$ の場合は使用できない．これを2元連立1次方程式について模式的に図示すると，図6.1のようになる．図6.1(a) は連立1次方程式がただ1組の解をもつ場合であり，その解は x_1-x_2 平面上にある式①と②の交点で表される．図6.1(b) は式①と②が等しい場合であり，このとき

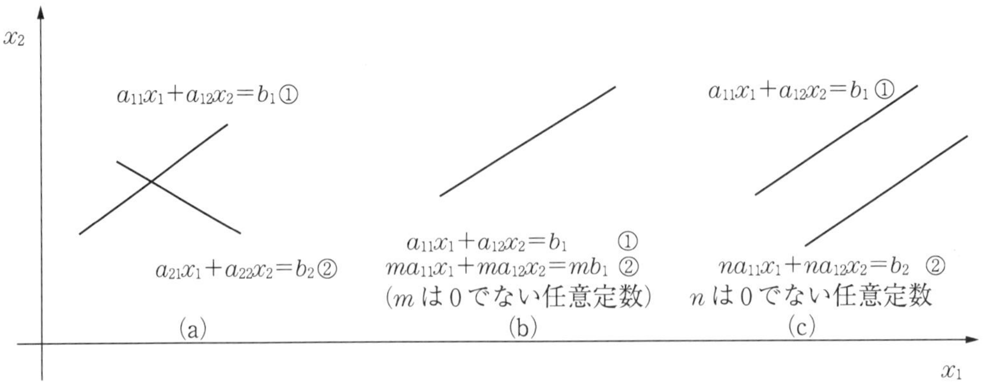

図 6.1　連立 1 次方程式が 1 組の解をもつ条件

x_1 がいかなる値であっても，式①と②を満足する x_2 が存在するため，解が無限に存在することになる．これを「不定」と呼ぶ．一方，図 6.1(c) では式①と②の傾きが等しいために 2 つの式の交点は存在せず，解が存在しない場合である．これは「不能」と呼ばれる．不定および不能いずれの場合も $|\boldsymbol{A}|=0$ が成立するが，不定になるか不能になるかは列ベクトル $\boldsymbol{B}$ に依存し，そのような場合の数値解法も不可能ではない．ただし，そのような解法は本書の取り扱う範囲を超えることから，以下 $|\boldsymbol{A}|\neq 0$ を仮定し，連立方程式のただ 1 組の解を求めるための数値計算法を説明する．

6.2　連立 1 次方程式の解法

a.　ガウス-ジョルダンの消去法

式 (6.23) に示す 3 元連立 1 次方程式を例として，連立 1 次方程式の解法として最もよく知られているガウス-ジョルダン (Gauss-Jordan) の消去法を解説する．

$$
\begin{aligned}
a_{11}x_1+a_{12}x_2+a_{13}x_3 &= b_1\\
a_{21}x_1+a_{22}x_2+a_{23}x_3 &= b_2\\
a_{31}x_1+a_{32}x_2+a_{33}x_3 &= b_3
\end{aligned}
\tag{6.23}
$$

いま式 (6.23) を行列によって表すと，係数行列 $\boldsymbol{A}$ と 2 つの列ベクトル $\boldsymbol{X}$, $\boldsymbol{B}$ を用いて $\boldsymbol{AX}=\boldsymbol{B}$ であり，具体的には，

$$\boldsymbol{A}=\begin{bmatrix} a_{11} & a_{12} & a_{13} \\ a_{21} & a_{22} & a_{23} \\ a_{31} & a_{32} & a_{33} \end{bmatrix},\quad \boldsymbol{X}=\begin{bmatrix} x_1 \\ x_2 \\ x_3 \end{bmatrix},\quad \boldsymbol{B}=\begin{bmatrix} b_1 \\ b_2 \\ b_3 \end{bmatrix}$$

つまり，

$$\begin{bmatrix} a_{11} & a_{12} & a_{13} \\ a_{21} & a_{22} & a_{23} \\ a_{31} & a_{32} & a_{33} \end{bmatrix}\begin{bmatrix} x_1 \\ x_2 \\ x_3 \end{bmatrix}=\begin{bmatrix} b_1 \\ b_2 \\ b_3 \end{bmatrix} \tag{6.24}$$

となる．ガウス-ジョルダンの消去法は，次式のように係数行列 $\boldsymbol{A}$ を単位行列に変形し，

$$\begin{bmatrix} 1 & 0 & 0 \\ 0 & 1 & 0 \\ 0 & 0 & 1 \end{bmatrix}\begin{bmatrix} x_1 \\ x_2 \\ x_3 \end{bmatrix}=\begin{bmatrix} b_1' \\ b_2' \\ b_3' \end{bmatrix} \tag{6.25}$$

３つの解を $x_1=b_1'$，$x_2=b_2'$，$x_3=b_3'$ として求める方法である．したがって，式 (6.24) から式 (6.25) への変形が解法のポイントとなる．ガウス-ジョルダン法では，係数行列 $\boldsymbol{A}$ と列ベクトル $\boldsymbol{B}$ をまとめた次の行列 $[\boldsymbol{A}\quad\boldsymbol{B}]$（これを増大行列という）を用いて変形される．

$$\begin{bmatrix} a_{11} & a_{12} & a_{13} & b_1 \\ a_{21} & a_{22} & a_{23} & b_2 \\ a_{31} & a_{32} & a_{33} & b_3 \end{bmatrix} \tag{6.26}$$

すなわち，変形は次の行列に関する３つの基本原理に基づいて行われる．

（ｉ）　ある行にゼロ以外の定数を掛ける（または割る）ことができる．

（ii）　ある行に他の行を加える（または引く）ことができる．

（iii）　２つの行を交換することができる．

基本変形によって得られる増大行列が $[\boldsymbol{B}'\quad\boldsymbol{C}]$ であるとき，連立１次方程式 $\boldsymbol{B}'\boldsymbol{X}=\boldsymbol{C}$ は $\boldsymbol{AX}=\boldsymbol{B}$ と同じ解をもつことから，ガウス-ジョルダン法ではこれらの変形を，式 (6.26) から次の増大行列を得ることを目的として行う．

$$\begin{bmatrix} 1 & 0 & 0 & b_1' \\ 0 & 1 & 0 & b_2' \\ 0 & 0 & 1 & b_3' \end{bmatrix} \tag{6.27}$$

変形の手順は以下のとおりである．

（１）　第１行を a_{11} で割り，新要素 a_{11} を１とする．

（2） 第1行以外の第2行，第3行の第1列の要素 a_{21}，a_{31} を消去するために，各行から第1行に a_{21}，a_{31} を掛けたものを引く．この操作についての一般式は，k 行の j 列の要素 a_{kj} および b_k について式（6.28），（6.29）で表される（上記の場合は $i=1$）．

$$新 a_{kj} = a_{kj} - a_{ki}a_{ij} \tag{6.28}$$

$$新 b_k = b_k - a_{ki}b_i \tag{6.29}$$

（3） 第2行を a_{22} で割り，要素 a_{22} を1とし，以下同様の操作を第2列および第3列について行う．

ただし，手順（2），（3）において対角要素 a_{11}，a_{22}，a_{33} がゼロとなる場合には，解を求めることができないので，上記基本原理（3）を用いて行の交換を行う必要がある．

なお，式（6.24）中の係数行列において，対角要素以外の他の要素をすべて消去（または掃き出すという）することから，本解法は消去法と呼ばれている．

【例 6.4】 次の3元連立1次方程式をガウス-ジョルダンの消去法を用いて解け．

$$2x_1 + x_2 - x_3 = 1$$
$$x_1 - 2x_2 + x_3 = 6$$
$$x_1 + x_2 - 2x_3 = -3$$

【解】 この連立1次方程式の増大行列は，

$$\begin{bmatrix} 2 & 1 & -1 & 1 \\ 1 & -2 & 1 & 6 \\ 1 & 1 & -2 & -3 \end{bmatrix}$$

であり，計算手順に従い，まず第1行を $a_{11}=2$ で割る．

$$\begin{bmatrix} 1 & 0.5 & -0.5 & 0.5 \\ 1 & -2 & 1 & 6 \\ 1 & 1 & -2 & -3 \end{bmatrix}$$

次に，第2行－第1行×$a_{21}(=1)$，第3行－第1行×$a_{31}(=1)$ を計算する（この場合，式（6.28），（6.29）中の i は1）．

$$\begin{bmatrix} 1 & 0.5 & -0.5 & 0.5 \\ 0 & -2.5 & 1.5 & 5.5 \\ 0 & 0.5 & -1.5 & -3.5 \end{bmatrix}$$

この増大行列の第2行を $a_{22}=-2.5$ で割る．

$$\begin{bmatrix} 1 & 0.5 & -0.5 & 0.5 \\ 0 & 1 & -0.6 & -2.2 \\ 0 & 0.5 & -1.5 & -3.5 \end{bmatrix}$$

以下同様の操作を第2列，第3列について行うわけであるが，第2列目については a_{12}，a_{32} をゼロとするために，第1行－第2行×a_{12}(＝0.5)，第3行－第2行×a_{32}(＝0.5) を実行すると（この場合，式 (6.28)，(6.29) 中の i は 2)，

$$\begin{bmatrix} 1 & 0 & -0.2 & 1.6 \\ 0 & 1 & -0.6 & -2.2 \\ 0 & 0 & -1.2 & -2.4 \end{bmatrix}$$

第3行を $a_{33}=-1.2$ で割る．

$$\begin{bmatrix} 1 & 0 & -0.2 & 1.6 \\ 0 & 1 & -0.6 & -2.2 \\ 0 & 0 & 1 & 2 \end{bmatrix}$$

最後に a_{13}，a_{23} をゼロとするために，第1行－第3行×a_{13}(＝－0.2) および第2行－第3行×a_{23}(＝－0.6) を行い（この場合，式 (6.28)，(6.29) 中の i は 3)，

$$\begin{bmatrix} 1 & 0 & 0 & 2 \\ 0 & 1 & 0 & -1 \\ 0 & 0 & 1 & 2 \end{bmatrix}$$

この結果より，解として $x_1=2$，$x_2=-1$，$x_3=2$ が求められる． ■

【例 6.5】 メタノール 8.0 mol%，エタノール 10.0 mol%，水 82.0 mol% からなる3成分混合液（A液）に，30.0 mol% のメタノールを含む水溶液（B液）と 40.0 mol% のエタノールを含む水溶液（C液）を加えて，組成がメタノール 15.0 mol%，エタノール 15.0 mol%，水 70.0 mol% の混合液（D液）をつくりたい．D液 100 kmol を作るのに必要な A，B，C 液のモル量をガウス-ジョルダンの消去法を用いて求めよ．

【解】 組成調整のための混合操作に関するフローシートを図 6.2 に示す．ここで A，B，C 各水溶液の物質量を a(kmol)，b(kmol)，c(kmol) とすると，題意より混合操作における全物質収支は次式で表される．

$$a+b+c = 100 \tag{a}$$

また，メタノール，エタノール，水の成分収支は次のように与えられる．

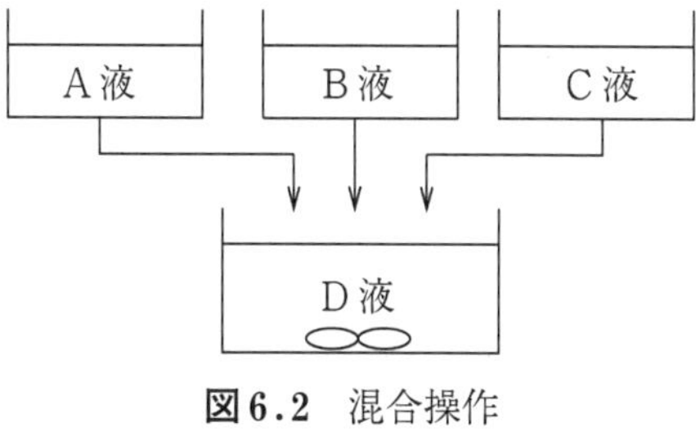

図 6.2 混合操作

メタノール：$0.080a+0.300b = 100\times 0.150 = 15.0$　　(b)

エタノール：$0.100a+0.400c = 100\times 0.150 = 15.0$　　(c)

水　　　　：$0.820a+0.700b+0.600c = 100\times 0.700 = 70.0$　　(d)

なお，3個の未知数a，b，cを含む4つの式が成立するが，独立した式の数は3つである．そこで式(b)，(c)，(d)を選択し，次のような3元連立1次方程式として解くことにより，物質量a，b，cが求められる．

$$\begin{aligned} 0.080a+0.300b \qquad\qquad &= 15.0 \\ 0.100a \qquad\qquad +0.400c &= 15.0 \\ 0.820a+0.700b+0.600c &= 70.0 \end{aligned}$$

すなわち，まずこの連立1次方程式の増大行列を与える．

$$\begin{bmatrix} 0.080 & 0.300 & 0 & 15.0 \\ 0.100 & 0 & 0.400 & 15.0 \\ 0.820 & 0.700 & 0.600 & 70.0 \end{bmatrix}$$

ここで2行2列の対角要素a_{22}がゼロであり，このままでは解を求めることができないので，基本操作(3)を適用して第1行と第2行を交換する．

$$\begin{bmatrix} 0.100 & 0 & 0.400 & 15.0 \\ 0.080 & 0.300 & 0 & 15.0 \\ 0.820 & 0.700 & 0.600 & 70.0 \end{bmatrix}$$

次に計算手順に従い，第1行を$a_{11}=0.100$で割り，続いて第1列のa_{21}，a_{31}を消去する．

$$\begin{bmatrix} 1 & 0 & 4.00 & 150 \\ 0 & 0.300 & -0.320 & 3.0 \\ 0 & 0.700 & -2.68 & -53.0 \end{bmatrix}$$

この増大行列の第2行を$a_{22}=0.300$で割り，第2列目のa_{32}をゼロとする処理を行う．

$$\begin{bmatrix} 1 & 0 & 4.00 & 150 \\ 0 & 1 & -1.07 & 10.0 \\ 0 & 0 & -1.93 & -60.0 \end{bmatrix}$$

最後に第3行を$a_{33}=-1.93$で割り，第3列のa_{13}，a_{23}を消去する．

$$\begin{bmatrix} 1 & 0 & 0 & 25.6 \\ 0 & 1 & 0 & 43.3 \\ 0 & 0 & 1 & 31.1 \end{bmatrix}$$

これより，求める物質量は$a=25.6$ kmol，$b=43.3$ kmol，$c=31.1$ kmolとなる．■

b. 逆行列法

式(6.13)で示したように，連立1次方程式の係数行列$\boldsymbol{A}$の逆行列$\boldsymbol{A}^{-1}$が求められると，直ちに解の列ベクトル $\boldsymbol{X}$ が計算できる．

$$\boldsymbol{X} = \boldsymbol{A}^{-1}\boldsymbol{B} \tag{6.13}$$

$\boldsymbol{A}^{-1}$ の求め方は，$m\times 2m$ の増大行列 $[\boldsymbol{A}\quad \boldsymbol{I}]$ を考え，この増大行列に対して左半分の係数行列 $\boldsymbol{A}$ が単位行列となるまでガウス-ジョルダン法の消去操作（行の基本変形）を行う．結果として増大行列 $[\boldsymbol{I}\quad \boldsymbol{A}^{-1}]$ つまり，$\boldsymbol{A}^{-1}$ が得られる．

【例 6.6】 例 6.4 の連立1次方程式を逆行列法を用いて解け．

【解】 逆行列法では，連立1次方程式の増大行列を次のように設定する．

$$[\boldsymbol{A}\quad \boldsymbol{I}] = \left[\begin{array}{ccc:ccc} 2 & 1 & -1 & 1 & 0 & 0 \\ 1 & -2 & 1 & 0 & 1 & 0 \\ 1 & 1 & -2 & 0 & 0 & 1 \end{array}\right]$$

この行列の左半分の $\boldsymbol{A}$ が単位行列となるように，ガウス-ジョルダンの消去操作を実行する．計算手順に従いまず第1行を $a_{11}=2$ で割り，第2行－第1行×$a_{21}(=1)$，第3行－第1行×$a_{31}(=1)$ を計算する．

$$\begin{bmatrix} 1 & 0.5 & -0.5 & 0.5 & 0 & 0 \\ 0 & -2.5 & 1.5 & -0.5 & 1 & 0 \\ 0 & 0.5 & -1.5 & -0.5 & 0 & 1 \end{bmatrix}$$

次にこの増大行列の第2行を $a_{22}=-2.5$ で割り，以下同様の操作を第2列，第3列について行う．第2列目については a_{12}，a_{32} をゼロとするために，第1行－第2行×$a_{12}(=0.5)$，第3行－第2行×$a_{32}(=0.5)$ を実行し，

$$\begin{bmatrix} 1 & 0 & -0.2 & 0.4 & 0.2 & 0 \\ 0 & 1 & -0.6 & 0.2 & -0.4 & 0 \\ 0 & 0 & -1.2 & -0.6 & 0.2 & 1 \end{bmatrix}$$

最後に第3行を $a_{33}=-1.2$ で割り，a_{13}，a_{23} をゼロとするために，第1行－第3行×$a_{13}(=-0.2)$ および第2行－第3行×$a_{23}(=-0.6)$ を計算する．

$$\begin{bmatrix} 1 & 0 & 0 & 0.5 & 0.2/1.2 & -0.2/1.2 \\ 0 & 1 & 0 & 0.5 & -0.5 & -0.5 \\ 0 & 0 & 1 & 0.5 & -0.2/1.2 & -1/1.2 \end{bmatrix}$$

この結果より，増大行列の右半分が係数行列 $\boldsymbol{A}$ の逆行列 $\boldsymbol{A}^{-1}$ である．

$$\boldsymbol{A}^{-1} = \begin{bmatrix} 0.5 & 0.2/1.2 & -0.2/1.2 \\ 0.5 & -0.5 & -0.5 \\ 0.5 & -0.2/1.2 & -1/1.2 \end{bmatrix}$$

よって $\boldsymbol{X}=\boldsymbol{A}^{-1}\boldsymbol{B}$ を用いて，

$$\begin{bmatrix} x_1 \\ x_2 \\ x_3 \end{bmatrix} = \begin{bmatrix} 0.5 & 0.2/1.2 & -0.2/1.2 \\ 0.5 & -0.5 & -0.5 \\ 0.5 & -0.2/1.2 & -1/1.2 \end{bmatrix}\begin{bmatrix} 1 \\ 6 \\ -3 \end{bmatrix}$$

$$
= \begin{bmatrix} 0.5+(0.2/1.2)\times 6-(0.2/1.2)\times(-3) \\ 0.5-0.5\times 6-0.5\times(-3) \\ 0.5-(0.2/1.2)\times 6-(1/1.2)\times(-3) \end{bmatrix}
$$

$$
= \begin{bmatrix} 2 \\ -1 \\ 2 \end{bmatrix}
$$

結局，解として $x_1=2$，$x_2=-1$，$x_3=2$ が求められる． ■

c. ガウス-ザイデルの反復法

次に m 元連立１次方程式のもう１つの解法である反復法について説明する．その解法は式（6.23）の３元連立１次方程式を例とすると，まず式（6.23）を次のように変形する．

$$
\begin{aligned}
x_1 &= \frac{1}{a_{11}}(b_1 - a_{12}x_2 - a_{13}x_3) \\
x_2 &= \frac{1}{a_{22}}(b_2 - a_{21}x_1 - a_{23}x_3) \\
x_3 &= \frac{1}{a_{33}}(b_3 - a_{31}x_1 - a_{32}x_2)
\end{aligned} \tag{6.30}
$$

次に求める解である（x_1, x_2, x_3）に対する初期値（近似値）として（x_1^0, x_2^0, x_3^0）を仮定し，これらを式（6.30）の右辺に代入することにより，次の近似値（x_1^1, x_2^1, x_3^1）を求める．

$$
\begin{aligned}
x_1^1 &= \frac{1}{a_{11}}(b_1 - a_{12}x_2^0 - a_{13}x_3^0) \\
x_2^1 &= \frac{1}{a_{22}}(b_2 - a_{21}x_1^0 - a_{23}x_3^0) \\
x_3^1 &= \frac{1}{a_{33}}(b_3 - a_{31}x_1^0 - a_{32}x_2^0)
\end{aligned} \tag{6.31}
$$

以下（x_1^1, x_2^1, x_3^1）を式（6.31）に代入して次の近似値（x_1^2, x_2^2, x_3^2）を求め，この操作を反復する．すなわち，反復により k 番目の近似値（x_1^k, x_2^k, x_3^k）が，次式を用いて求められる．

$$
\begin{aligned}
x_1^k &= \frac{1}{a_{11}}(b_1 - a_{12}x_2^{k-1} - a_{13}x_3^{k-1}) \\
x_2^k &= \frac{1}{a_{22}}(b_2 - a_{21}x_1^{k-1} - a_{23}x_3^{k-1})
\end{aligned}
$$

$$x_3^k = \frac{1}{a_{33}}(b_3 - a_{31}x_1^{k-1} - a_{32}x_2^{k-1}) \tag{6.32}$$

m 元の連立1次方程式では，x_i^k を求める式は次のように与えられる．

$$x_i^k = \frac{1}{a_{ii}}(b_i - a_{i1}x_1^{k-1} - a_{i2}x_2^{k-1} - \cdots - a_{ii-1}x_{i-1}^{k-1} - a_{ii+1}x_{i+1}^{k-1} - \cdots - a_{im}x_m^{k-1}) \tag{6.33}$$

以上の反復計算を繰り返し，$k-1$ 回目の近似値と k 回目の近似値の差が要求される解の精度に応じた許容誤差範囲内 ε に入っているかどうかという式（6.34）の判定を行う．その結果，

$$|x_i^k - x_i^{k-1}| < \varepsilon \tag{6.34}$$

式（6.34）の条件をすべての x_i で満足していれば反復を終了し，x_i^k を方程式の解とする．このような反復による解法はヤコビ（Jacobi）法と呼ばれる．

ガウス-ザイデル（Gauss-Seidel）の反復法はこのヤコビ法を修正した方法である．すなわち，ガウス-ザイデル法では式（6.32）の代りに次の式（6.35）を用いて反復計算を行う．

$$x_1^k = \frac{1}{a_{11}}(b_1 - a_{12}x_2^{k-1} - a_{13}x_3^{k-1})$$

$$x_2^k = \frac{1}{a_{22}}(b_2 - a_{21}x_1^{k} - a_{23}x_3^{k-1})$$

$$x_3^k = \frac{1}{a_{33}}(b_3 - a_{31}x_1^{k} - a_{32}x_2^{k}) \tag{6.35}$$

式（6.32）と式（6.35）を比較すると，式（6.32）の第2式中の x_1^{k-1} が x_1^k に，第3式中の x_1^{k-1} および x_2^{k-1} がそれぞれ x_1^k，x_2^k に置換されている．つまり，ヤコビ法では k 回目の計算に前回求めた $k-1$ 回目の近似値を用いるのに対し，ガウス-ザイデル法は第1式で求めた x_1^k を第2式の計算に，第1式，第2式で得た x_1^k，x_2^k を第3式の計算に用いる．つまり，いずれの計算過程でも常に最新の近似値を使用し，収束回数を減らそうとしている．したがって，ガウス-ザイデル法では反復計算の順序には制限が加わることに注意されたい．これを m 元の連立1次方程式における x_i^k を求める式として示したのが，次式である．

$$x_i^k = \frac{1}{a_{ii}}(b_i - a_{i1}x_1^{k} - a_{i2}x_2^{k} - \cdots - a_{ii-1}x_{i-1}^{k} - a_{ii+1}x_{i+1}^{k-1} - \cdots - a_{im}x_m^{k-1}) \tag{6.36}$$

すなわち k 回目 i 番目の x_i^k の計算に，既に計算が終了した x_i^k から x_{i-1}^k までの最新の近似値を用いることにより，ガウス-ザイデル法はヤコビ法に比較してより迅速な収束が期待される．

ただし，ガウス-ザイデル法においてもガウス-ジョルダン法と同様に対角要素 a_{ii} がゼロの場合には計算不能であるため，a_{ii} がゼロとならないように注意すべきである．また反復法を用いる場合，解が収束するとは限らないことから，反復回数の上限を定めておくことと，発散した場合には初期値を変更することが必要となる．なお，初期値の設定に際しては特別な制限はないことから，初期値をすべて（ガウス-ザイデル法では x_1^0 は必要ない）ゼロとするのも1つの方法である．

【例 6.7】 例 6.4 の 3 元連立 1 次方程式をガウス-ザイデル法により解け．ただし，初期値を $x_2^0=0$，$x_3^0=0$ とし，収束条件を $\varepsilon=10^{-4}$ とせよ．

【解】 式 (6.35) に従い，与えられた 3 元連立 1 次方程式を変形する．

$$x_1^k = \frac{1}{2}(1-x_2^{k-1}+x_3^{k-1})$$

$$x_2^k = \frac{-1}{2}(6-x_1^k-x_3^{k-1})$$

$$x_3^k = \frac{-1}{2}(-3-x_1^k-x_2^k)$$

$k=1$ から計算を開始する．

$$x_1^1 = \frac{1}{2}(1-x_2^0+x_3^0) = \frac{1}{2}(1-0+0) = 0.500$$

$$x_2^1 = \frac{-1}{2}(6-x_1^1-x_3^0) = \frac{-1}{2}(6-0.5-0) = -2.750$$

$$x_3^1 = \frac{-1}{2}(-3-x_1^1-x_2^1) = \frac{-1}{2}(-3-0.5-(-2.75)) = 0.375$$

が求められ，続いて $k=2$ を計算する．

$$x_1^2 = \frac{1}{2}(1-x_2^1+x_3^1) = \frac{1}{2}(1-(-2.75)+0.375) = 2.06250$$

$$x_2^2 = \frac{-1}{2}(6-x_1^2-x_3^1) = \frac{-1}{2}(6-2.0625-0.375) = -1.78125$$

$$x_3^2 = \frac{-1}{2}(-3-x_1^2-x_2^2) = \frac{-1}{2}(-3-2.0625-(-1.78125)) = 1.64063$$

同様な計算を反復すると，$k=12$ 回目に収束条件を満足し，解として $x_1=2$，$x_2=-1$，$x_3=2$ が求められる． ■

d. 各解法の特徴

m 元連立１次方程式の数値解法としては，直接法と反復法に大別される．直接法は有限回の一定の手続きを繰り返すことで，解を求めることができる．本書で取り上げた中では，クラメールの公式を用いる方法，ガウス-ジョルダンの消去法および逆行列を用いる消去法は直接法である．これに対して，ガウス-ザイデル法は適当な初期値から出発し，反復計算により解の近似値を求め，近似値が許容される精度に到達したならばその近似値を解とする反復法である．

直接法と反復法を比較すると，直接法は原理的にはすべての連立１次方程式に適用できるが，反復法は解の収束が保証されていなければならないという制限がある（反復法で初期値 x_i^0 から出発して反復回数 $k \to \infty$ で x_i^k が解のベクトルに収束するかどうかは，後ほど説明する固有値を用いて判定できるが，次元 m が大きくなると固有値自体を求めることが困難となる）．しかし，行列要素の多くがゼロとなる連立１次方程式に対しては，直接法を用いて要素ゼロに消去操作を行うことは無意味であり，そのような場合には反復法の使用が効率的である．一般的には，m が小さいときは直接法が，m が大きい場合には反復法が有効である．

なおクラメールの公式を用いて，m 元連立１次方程式の解法を行う場合，次元 m がわずかに大きくなるだけで行列式を求めるための計算量が膨大なものとなり，この方法による数値解法はあまり実用的ではない．

6.3 行列の固有値と固有ベクトル

m 次正方行列 $\boldsymbol{A}$ について，$\boldsymbol{X}$ を m 次元列ベクトル，λ をスカラーとするとき，

$$\boldsymbol{AX} = \lambda \boldsymbol{X} \tag{6.37}$$

式 (6.37) を満足する λ を $\boldsymbol{A}$ の固有値，$\boldsymbol{X}$ を λ に対する固有ベクトルという．また，固有値，固有ベクトルを求めることを一般に固有値問題と呼び，その応用範囲は微分方程式の解法や数列の決定などを通じて化学反応，量子化学，燃焼過程などの化学や工学の問題のみならず社会科学の分野にも及ぶ．

ここで式 (6.37) は，単位行列 $\boldsymbol{I}$ を用いると，次のような m 次元連立１次方

程式で表される．

$$(\boldsymbol{A}-\lambda\boldsymbol{I})\boldsymbol{X}=\boldsymbol{0} \tag{6.38}$$

式（6.38）は，右辺のベクトルが零ベクトルであり，このような連立1次方程式を m 個の未知数と m 個の方程式からなる同次連立1次方程式という．この場合，式（6.37）が常に解として $\boldsymbol{X}=\boldsymbol{0}$ をもつことは明らかであるが（これを自明の解と呼ぶ），ゼロ以外の解をもつかどうかは係数行列（$\boldsymbol{A}-\lambda\boldsymbol{X}$）が正則であるかないかで判断できる．つまり，$\boldsymbol{X}\neq\boldsymbol{0}$ である解が存在するための必要十分条件は，次式のように係数行列の行列式がゼロ（係数行列が非正則）を満たすことである．

$$|\boldsymbol{A}-\lambda\boldsymbol{I}|=0 \tag{6.39}$$

式（6.39）を $\boldsymbol{A}$ の固有方程式（特性方程式または永年方程式）と呼び，$\boldsymbol{A}$ が式（6.1）で表されるとき，式（6.39）は次のように表される．

$$|\boldsymbol{A}-\lambda\boldsymbol{I}|=\begin{vmatrix} a_{11}-\lambda & a_{12} & \cdots & a_{1m} \\ a_{21} & a_{22}-\lambda & \cdots & a_{2m} \\ \vdots & \vdots & \ddots & \vdots \\ a_{m1} & a_{m2} & \cdots & a_{mm}-\lambda \end{vmatrix}=0 \tag{6.40}$$

したがって，固有方程式の解が $\boldsymbol{A}$ の固有値 λ である．

一般に固有方程式の解は複素数であるから，固有値 λ および固有ベクトル $\boldsymbol{X}$ の要素も複素数として考えなければならず，また，λ の重複解の存在も考慮する必要がある．しかし取扱いを簡単にするために，ここでは固有値および固有ベクトルの要素はいずれも実数とし，固有値がすべて異なる実根となる固有値問題を考える．

a. 固有値と固有ベクトルの計算法

m 次正方行列を用いると，m 次元ベクトル空間の要素を自分自身または他の m 次元ベクトルの空間の要素に変換でき，この場合，行列は変換のための作用素と考える．例えば，2次正方行列 $\boldsymbol{A}$ および2次列ベクトル $\boldsymbol{B}$ を次のように与えると，

$$\boldsymbol{A}=\begin{bmatrix} 3 & 1 \\ 1 & 3 \end{bmatrix} \tag{6.41}$$

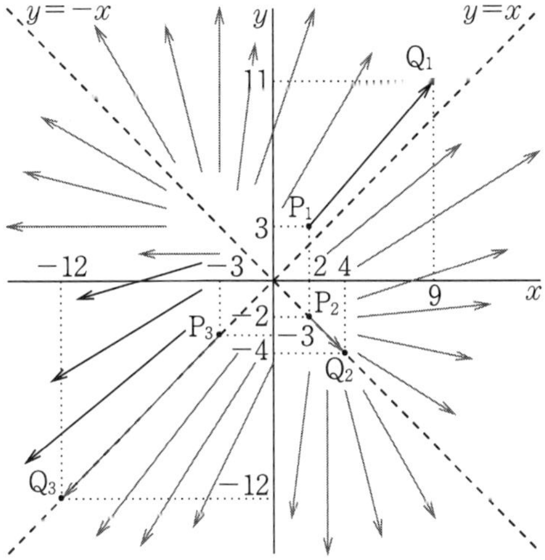

図6.3 正方行列 $\boldsymbol{A}$ による2次列ベクトル $\boldsymbol{B}$ の変換

$$\boldsymbol{B} = \begin{bmatrix} 2 \\ 3 \end{bmatrix} \tag{6.42}$$

この正方行列 $\boldsymbol{A}$ は，2次列ベクトル $\boldsymbol{B}$ が示す平面上の点 $P_1(2,3)$ を次のように Q_1 点 $(9,11)$ に変換する．

$$\begin{bmatrix} 3 & 1 \\ 1 & 3 \end{bmatrix}\begin{bmatrix} 2 \\ 3 \end{bmatrix} = \begin{bmatrix} 9 \\ 11 \end{bmatrix} \tag{6.43}$$

このような変換を平面上のいくつかの点について行った結果を，図6.3に点PからQへ向かう矢印（ベクトル）として示すが，図中，2直線 $y=-x$，$y=x$ 上の点のベクトルは，$\boldsymbol{A}$ の変換によってもベクトルの方向が変化していない．

つまり，点 $P_2(2,-2)$ は $\boldsymbol{A}$ によって変換を行っても，

$$\begin{bmatrix} 3 & 1 \\ 1 & 3 \end{bmatrix}\begin{bmatrix} 2 \\ -2 \end{bmatrix} = \begin{bmatrix} 4 \\ -4 \end{bmatrix} = 2\begin{bmatrix} 2 \\ -2 \end{bmatrix} \tag{6.44}$$

点 $Q_2(4,-4)$ は $y=-x$ 上にあり，ベクトルの長さは倍となるが，方向は変化しない．一方，点 $P_3(-3,-3)$ では，$\boldsymbol{A}$ によりベクトルの長さは4倍になるものの，変化した点 $Q_3(-12,-12)$ は $y=x$ 上の点であり，方向はまったく変わらない．

$$\begin{bmatrix} 3 & 1 \\ 1 & 3 \end{bmatrix}\begin{bmatrix} -3 \\ -3 \end{bmatrix} = \begin{bmatrix} -12 \\ -12 \end{bmatrix} = 4\begin{bmatrix} -3 \\ -3 \end{bmatrix} \tag{6.45}$$

以上のように正方行列 $\boldsymbol{A}$ を作用素として変換を行っても，方向が変化しないベクトルは与えられた $\boldsymbol{A}$ に固有のものであり，これはまさに式（6.37）を満足する固有ベクトル $\boldsymbol{X}$ である．また固有値 λ は，元のベクトルと変換後のベクトルの長さの比を表す．

それでは，λ と $\boldsymbol{X}$ の解法を式（6.41）の 2 次の正方行列 $\boldsymbol{A}$ を例として示そう．すなわち，$\boldsymbol{A}$ の異なる固有値 λ_i は式（6.39）の固有方程式を解くことにより得られる．$\boldsymbol{A}$ の固有方程式は次のように与えられる．

$$\begin{vmatrix} 3-\lambda & 1 \\ 1 & 3-\lambda \end{vmatrix} = 0 \tag{6.46}$$

式（6.46）より，

$$(3-\lambda)^2-1 = \lambda^2-6\lambda+8 = (\lambda-2)(\lambda-4) = 0$$

したがって $\boldsymbol{A}$ の固有値は，$\lambda_1=2$，$\lambda_2=4$ である．

次に固有ベクトルは次のように求められる．$\lambda_1=2$ に対する固有ベクトル $\boldsymbol{X}_1$ を次のようにおく．

$$\boldsymbol{X}_1 = \begin{bmatrix} x_1^1 \\ x_2^1 \end{bmatrix} \tag{6.47}$$

式（6.38）より，

$$(\boldsymbol{A}-\lambda_1\boldsymbol{I})\,\boldsymbol{X}_1 = [\boldsymbol{A}-2\,\boldsymbol{I}]\boldsymbol{X}_1 = \begin{bmatrix} 3-2 & 1 \\ 1 & 3-2 \end{bmatrix}\begin{bmatrix} x_1^1 \\ x_2^1 \end{bmatrix} = 0 \tag{6.48}$$

であり，次の同次連立 1 次方程式が得られる．

$$\begin{aligned} x_1^1+x_2^1 &= 0 \\ x_1^1+x_2^1 &= 0 \end{aligned} \tag{6.49}$$

式（6.49）において，第 1 式も第 2 式も同じであるから一方を解いて，

$$x_1^1+x_2^1 = 0 \tag{6.50}$$

より，$x_1^1=-x_2^1$ であり，固有ベクトルは方向がわかればよく，大きさは任意でよいので，$x_1^1=1$ として $x_2^1=-1$ から次式が得られる．

$$\boldsymbol{X}_1 = c_1\begin{bmatrix} 1 \\ -1 \end{bmatrix} \quad (c_1 \text{ はゼロでない任意定数}) \tag{6.51}$$

ここで c_1 は自由に選べるが，一般にベクトル $\boldsymbol{X}_1$ の長さが 1 となるようにその値を選択すると便利である．ベクトルの長さは $\|\boldsymbol{X}_1\|$ を用いて表され，式（6.51）

に対しては次のように定義される．

$$\|\boldsymbol{X}_1\| = \sqrt{[x_1^1]^2+[x_2^1]^2} \tag{6.52}$$

よって，$\|\boldsymbol{X}_1\|=1$ として，$x_1^1=c_1$ および $x_2^1=-c_1$ を式（6.52）に代入すると，c_1 は次のように求められる．

$$1 = \sqrt{(c_1)^2+(-c_1)^2} \tag{6.53}$$

$$\therefore \quad c_1 = \frac{1}{\sqrt{2}}$$

よって，

$$\boldsymbol{X}_1 = \frac{1}{\sqrt{2}}\begin{bmatrix} 1 \\ -1 \end{bmatrix} \tag{6.54}$$

次に $\lambda_2=4$ に対する固有ベクトル $\boldsymbol{X}_2$ は $\boldsymbol{X}_1$ と同様に次のように求められる．

$$\boldsymbol{X}_2 = \frac{1}{\sqrt{2}}\begin{bmatrix} 1 \\ 1 \end{bmatrix} \tag{6.55}$$

【例 6.8】　次の行列の固有値と固有ベクトルを求めよ．

$$\boldsymbol{A} = \begin{bmatrix} 1 & 0 & -4 \\ 0 & 5 & 4 \\ -4 & 4 & 3 \end{bmatrix}$$

【解】　$\boldsymbol{A}$ の固有方程式 $|\boldsymbol{A}-\lambda\boldsymbol{I}|$ は，

$$|\boldsymbol{A}-\lambda\boldsymbol{I}| = \begin{vmatrix} 1-\lambda & 0 & -4 \\ 0 & 5-\lambda & 4 \\ -4 & 4 & 3-\lambda \end{vmatrix} = (1-\lambda)\begin{vmatrix} 5-\lambda & 4 \\ 4 & 3-\lambda \end{vmatrix} + (-4)\begin{vmatrix} 0 & 5-\lambda \\ -4 & 4 \end{vmatrix}$$

$$= -(\lambda+3)(\lambda-3)(\lambda-9) = 0$$

したがって $\boldsymbol{A}$ の固有値は，$\lambda_1=-3$，$\lambda_2=3$，$\lambda_3=9$ である．次に 3 つの固有値に対する固有ベクトルは，固有ベクトル $\boldsymbol{X}_1$，$\boldsymbol{X}_2$，$\boldsymbol{X}_3$ をそれぞれ以下のようにおく．

$$\boldsymbol{X}_1 = \begin{bmatrix} x_1^1 \\ x_2^1 \\ x_3^1 \end{bmatrix}, \quad \boldsymbol{X}_2 = \begin{bmatrix} x_1^2 \\ x_2^2 \\ x_3^2 \end{bmatrix}, \quad \boldsymbol{X}_3 = \begin{bmatrix} x_1^3 \\ x_2^3 \\ x_3^3 \end{bmatrix}$$

式（6.38）より，固有ベクトルは次式を解くことにより求められる．

$$(\boldsymbol{A}-\lambda_1\boldsymbol{I})\boldsymbol{X}_1 = [\boldsymbol{A}-(-3)\boldsymbol{I}]\boldsymbol{X}_1 = \begin{bmatrix} 4 & 0 & -4 \\ 0 & 8 & 4 \\ -4 & 4 & 6 \end{bmatrix}\begin{bmatrix} x_1^1 \\ x_2^1 \\ x_3^1 \end{bmatrix} = \begin{bmatrix} 0 \\ 0 \\ 0 \end{bmatrix}$$

$$(\boldsymbol{A}-\lambda_2\boldsymbol{I})\boldsymbol{X}_2 = [\boldsymbol{A}-3\,\boldsymbol{I}]\boldsymbol{X}_2 = \begin{bmatrix} -2 & 0 & -4 \\ 0 & 2 & 4 \\ -4 & 4 & 0 \end{bmatrix}\begin{bmatrix} x_1^2 \\ x_2^2 \\ x_3^2 \end{bmatrix} = \begin{bmatrix} 0 \\ 0 \\ 0 \end{bmatrix}$$

$$(\boldsymbol{A}-\lambda_3\boldsymbol{I})\,\boldsymbol{X}_3=[\boldsymbol{A}-9\,\boldsymbol{I}]\boldsymbol{X}_3=\begin{bmatrix}-8&0&-4\\0&-4&4\\-4&4&-6\end{bmatrix}\begin{bmatrix}x_1^3\\x_2^3\\x_3^3\end{bmatrix}=\begin{bmatrix}0\\0\\0\end{bmatrix}$$

まず，$\lambda_1=-3$ では次の同次連立１次方程式が得られ，

$$\begin{aligned}4x_1^1\qquad\quad -4x_3^1&=0\\8x_2^1+4x_3^1&=0\\-4x_1^1+4x_2^1+6x_3^1&=0\end{aligned}$$

これより，$x_3^1=x_1^1$，$x_2^1=(-1/2)\,x_3^1$ であり，この関係を満たす値は任意に取れるので $x_1^1=2$ として $x_2^1=-1$，$x_3^1=2$ から次式が得られる．

$$\boldsymbol{X}_1=c_1\begin{bmatrix}2\\-1\\2\end{bmatrix}\quad(c_1\text{ はゼロでない任意定数})$$

同様に $\lambda_2=3$ については，次の同次連立１次方程式を解く．

$$\begin{aligned}-2x_1^2\qquad\quad -4x_3^2&=0\\2x_2^2+4x_3^2&=0\\-4x_1^2+4x_2^2\qquad\quad&=0\end{aligned}$$

$x_3^2=(-1/2)\,x_1^2$，$x_2^2=x_1^2$ であり，ここでも $x_1^2=2$ とすれば $x_2^2=2$，$x_3^2=-1$ から次式が得られる．

$$\boldsymbol{X}_2=c_2\begin{bmatrix}2\\2\\-1\end{bmatrix}\quad(c_2\text{ はゼロでない任意定数})$$

最後に $\lambda_3=9$ については，

$$\begin{aligned}-8x_1^3\qquad\quad -4x_3^3&=0\\-4x_2^3+4x_3^3&=0\\-4x_1^3+4x_2^3-6x_3^3&=0\end{aligned}$$

より，$x_3^3=-2x_1^3$，$x_2^3=x_3^3$ であり，この場合は $x_1^3=1$ として $x_2^3=-2$，$x_3^3=-2$ から次式が得られる．

$$\boldsymbol{X}_3=c_3\begin{bmatrix}1\\-2\\-2\end{bmatrix}\quad(c_3\text{ はゼロでない任意定数})$$ ■

b. 行列の対角化

最後に固有値問題の応用として，最も重要な行列の対角化について説明する．m 次正方行列 $\boldsymbol{A}$ に正則行列 $\boldsymbol{P}$ を用いて，行列 $\boldsymbol{P}^{-1}\boldsymbol{A}\boldsymbol{P}$ をつくることを行列の相似変換と呼ぶ．この相似変換では次のように $\boldsymbol{P}$ を選ぶと，$\boldsymbol{A}$ を対角行列に変換

することができる．すなわち，$\boldsymbol{A}$ の固有値を $\lambda_1, \lambda_2, \cdots, \lambda_m$，対応する固有ベクトルを $\boldsymbol{X}_1, \boldsymbol{X}_2, \cdots, \boldsymbol{X}_m$ とすると，式（6.56）が成立する．

$$\boldsymbol{A}\boldsymbol{X}_i = \lambda_i \boldsymbol{X}_i \quad (i = 1, 2, \cdots, m) \tag{6.56}$$

ここで固有ベクトルを用いて，正則行列 $\boldsymbol{P}$ を次のように与えると，

$$\boldsymbol{P} = [\boldsymbol{X}_1 \ \boldsymbol{X}_2 \ \cdots \ \boldsymbol{X}_m] \tag{6.57}$$

相似変換によって得られる行列は，固有値を要素とする対角行列 $\boldsymbol{D}$ となる．

$$\boldsymbol{P}^{-1}\boldsymbol{A}\boldsymbol{P} = \boldsymbol{D} = \begin{bmatrix} \lambda_1 & 0 & \cdots & 0 \\ 0 & \lambda_2 & \cdots & 0 \\ \vdots & \vdots & \ddots & \vdots \\ 0 & 0 & \cdots & \lambda_m \end{bmatrix} \tag{6.58}$$

相似変換によってなぜ行列の対角化が可能であるかは，次のように説明できる．式（6.56）が成立すると仮定すると，式（6.58）の両辺に左から $\boldsymbol{P}$ を掛ける．

$$\boldsymbol{A}\boldsymbol{P} = \boldsymbol{P}\boldsymbol{D} \tag{6.59}$$

式（6.57）を代入すると，

$$\boldsymbol{A}[\boldsymbol{X}_1 \ \boldsymbol{X}_2 \ \cdots \ \boldsymbol{X}_m] = [\boldsymbol{X}_1 \ \boldsymbol{X}_2 \ \cdots \ \boldsymbol{X}_m] \begin{bmatrix} \lambda_1 & 0 & \cdots & 0 \\ 0 & \lambda_2 & \cdots & 0 \\ \vdots & \vdots & \ddots & \vdots \\ 0 & 0 & \cdots & \lambda_m \end{bmatrix} \tag{6.60}$$

より，

$$\boldsymbol{A}[\boldsymbol{X}_1 \ \boldsymbol{X}_2 \ \cdots \ \boldsymbol{X}_m] = [\lambda_1\boldsymbol{X}_1 \ \lambda_2\boldsymbol{X}_2 \ \cdots \ \lambda_m\boldsymbol{X}_m] \tag{6.61}$$

であるから次の関係を得る．

$$\begin{gathered} \boldsymbol{A}\boldsymbol{X}_1 = \lambda_1\boldsymbol{X}_1 \\ \boldsymbol{A}\boldsymbol{X}_2 = \lambda_2\boldsymbol{X}_2 \\ \cdots \\ \boldsymbol{A}\boldsymbol{X}_m = \lambda_m\boldsymbol{X}_m \end{gathered} \tag{6.62}$$

式（6.62）は，$\boldsymbol{A}$ が相似変換によって対角化されるならば，$\boldsymbol{P}$ をつくるベクトル $\boldsymbol{X}_1, \boldsymbol{X}_2, \cdots, \boldsymbol{X}_m$ が，固有値 $\lambda_1, \lambda_2, \cdots, \lambda_m$ に対応する固有ベクトルでなければならないことを示している．

なお，$\boldsymbol{A}$ が対称行列であるならば，その固有ベクトルの長さを 1 としておく

ことにより，$\boldsymbol{P}$ は直交行列となる．直交行列では $\boldsymbol{P}^{-1}=\boldsymbol{P}^T$ が成立することから，対角化に必要な $\boldsymbol{P}^{-1}$ が簡単に求められる（固有ベクトルの長さを1とする操作を省いた場合は，$\boldsymbol{P}$ の逆行列を改めて求めなければならない）．

式（6.41）の2次正方行列 $\boldsymbol{A}$ の対角化を次に示す．$\boldsymbol{A}$ の固有値は先に求めたように $\lambda_1=2$，$\lambda_2=4$ であり，対応する固有ベクトルは

$$\boldsymbol{X}_1=\frac{1}{\sqrt{2}}\begin{bmatrix}1\\-1\end{bmatrix},\quad \boldsymbol{X}_2=\frac{1}{\sqrt{2}}\begin{bmatrix}1\\1\end{bmatrix}$$

である．この $\boldsymbol{X}_1$，$\boldsymbol{X}_2$ はベクトルの長さをそれぞれ1（$\|\boldsymbol{X}_1\|=1$，$\|\boldsymbol{X}_2\|=1$）として算出したものであり，$\boldsymbol{A}$ が対称行列であるから，$\boldsymbol{X}_1$，$\boldsymbol{X}_2$ よりつくられる正則行列 $\boldsymbol{P}$ は直交行列となる．

$$\boldsymbol{P}=[\boldsymbol{X}_1,\boldsymbol{X}_2]=\frac{1}{\sqrt{2}}\begin{bmatrix}1&1\\-1&1\end{bmatrix}\tag{6.63}$$

よって，直交行列の性質である $\boldsymbol{P}^{-1}=\boldsymbol{P}^T$ を用いて，$\boldsymbol{P}^{-1}$ が次のように容易に求められる．

$$\boldsymbol{P}^{-1}=\boldsymbol{P}^T=\frac{1}{\sqrt{2}}\begin{bmatrix}1&-1\\1&1\end{bmatrix}\tag{6.64}$$

以上より，式（6.63）および式（6.64）を用いて $\boldsymbol{A}$ を相似変換すると，

$$\begin{aligned}\boldsymbol{P}^{-1}\boldsymbol{AP}&=\frac{1}{\sqrt{2}}\begin{bmatrix}1&-1\\1&1\end{bmatrix}\begin{bmatrix}3&1\\1&3\end{bmatrix}\frac{1}{\sqrt{2}}\begin{bmatrix}1&1\\-1&1\end{bmatrix}\\&=\frac{1}{2}\begin{bmatrix}2&-2\\4&4\end{bmatrix}\begin{bmatrix}1&1\\-1&1\end{bmatrix}=\frac{1}{2}\begin{bmatrix}4&0\\0&8\end{bmatrix}\\&=\begin{bmatrix}2&0\\0&4\end{bmatrix}\end{aligned}\tag{6.65}$$

であり，$\boldsymbol{A}$ の固有値を要素とする対角行列が得られる．ここでは固有値 $\lambda_1=2$，$\lambda_2=4$ としたが，$\lambda_1=4$，$\lambda_2=2$ としてもかまわない．その場合は式（6.63）の固有ベクトル $\boldsymbol{X}_1$ と $\boldsymbol{X}_2$ を入れ替えて正則行列 $\boldsymbol{P}$ を求め，以下同様の計算を行えばよい．

【例 6.9】 例 6.8 の対称行列 $\boldsymbol{A}$ を対角化する直交行列 $\boldsymbol{P}$ と $\boldsymbol{A}$ の対角行列を求めよ．

【解】 例 6.8 の対称行列は，

$$\boldsymbol{A} = \begin{bmatrix} 1 & 0 & -4 \\ 0 & 5 & 4 \\ -4 & 4 & 3 \end{bmatrix}$$

であり，その固有値は例 6.8 の解より $\lambda_1=-3$，$\lambda_2=3$，$\lambda_3=9$，固有ベクトル $\boldsymbol{X}_1$，$\boldsymbol{X}_2$，$\boldsymbol{X}_3$ は，

$$\boldsymbol{X}_1 = c_1\begin{bmatrix} 2 \\ -1 \\ 2 \end{bmatrix},\ \boldsymbol{X}_2 = c_2\begin{bmatrix} 2 \\ 2 \\ -1 \end{bmatrix},\ \boldsymbol{X}_3 = c_3\begin{bmatrix} 1 \\ -2 \\ -2 \end{bmatrix} \quad (c_1, c_2, c_3\ \text{はゼロでない任意定数})$$

であり，c_1，c_2，c_3 をベクトル $\boldsymbol{X}_1$，$\boldsymbol{X}_2$，$\boldsymbol{X}_3$ の長さが 1 となるようにその値を選択すると，まず c_1 について，

$$\|\boldsymbol{X}_1\| = \sqrt{[x_1^1]^2+[x_2^1]^2+[x_3^1]^2}$$

より，$\|\boldsymbol{X}_1\|=1$ として，$x_1^1=2c_1$，$x_2^1=-c_1$ および $x_3^1=2c_1$ を代入すると c_1 は次のように求められる．

$$1 = \sqrt{(2c_1)^2+(-c_1)^2+(2c_1)^2} = \sqrt{9c_1^2} \qquad \therefore \quad c_1 = \frac{1}{3}$$

同様に c_2 および c_3 においても

$$\|\boldsymbol{X}_2\| = \sqrt{[x_1^2]^2+[x_2^2]^2+[x_3^2]^2} = \sqrt{(2c_2)^2+(2c_2)^2+(-c_2)^2} = \sqrt{9c_2^2} = 1$$

$$\therefore \quad c_2 = \frac{1}{3}$$

$$\|\boldsymbol{X}_3\| = \sqrt{[x_1^3]^2+[x_2^3]^2+[x_3^3]^2} = \sqrt{(c_3)^2+(-2c_3)^2+(-2c_3)^2} = \sqrt{9c_3^2} = 1$$

$$\therefore \quad c_3 = \frac{1}{3}$$

と求められることから，

$$\boldsymbol{X}_1 = \frac{1}{3}\begin{bmatrix} 2 \\ -1 \\ 2 \end{bmatrix}, \quad \boldsymbol{X}_2 = \frac{1}{3}\begin{bmatrix} 2 \\ 2 \\ -1 \end{bmatrix}, \quad \boldsymbol{X}_3 = \frac{1}{3}\begin{bmatrix} 1 \\ -2 \\ -2 \end{bmatrix}$$

であり，対角化に必要な直交行列 $\boldsymbol{P}$ と $\boldsymbol{A}$ の対角行列は次のように与えられる．

$$\boldsymbol{P} = \begin{bmatrix} \frac{2}{3} & \frac{2}{3} & \frac{1}{3} \\ \frac{-1}{3} & \frac{2}{3} & \frac{-2}{3} \\ \frac{2}{3} & \frac{-1}{3} & \frac{-2}{3} \end{bmatrix}, \quad \boldsymbol{P}^{-1} = \boldsymbol{P}^T = \begin{bmatrix} \frac{2}{3} & \frac{-1}{3} & \frac{2}{3} \\ \frac{2}{3} & \frac{2}{3} & \frac{-1}{3} \\ \frac{1}{3} & \frac{-2}{3} & \frac{-2}{3} \end{bmatrix}$$

$$\boldsymbol{P}^{-1}\boldsymbol{A}\boldsymbol{P} = \begin{bmatrix} -3 & 0 & 0 \\ 0 & 3 & 0 \\ 0 & 0 & 9 \end{bmatrix}$$

■

演 習 問 題

6.1　次の行列の逆行列を求めよ．

$$(1)\quad \boldsymbol{A}=\begin{bmatrix} 2 & 1 \\ -2 & 3 \end{bmatrix},\qquad (2)\quad \boldsymbol{A}=\begin{bmatrix} 2 & 3 & 1 \\ -1 & 2 & 5 \\ 1 & -7 & 3 \end{bmatrix}$$

6.2　次の3元連立1次方程式をガウス-ジョルダンの消去法で解け．

$$(1)\quad \begin{cases} 2x_1+3x_2-x_3=5 \\ x_1+x_2+x_3=6 \\ 3x_1-2x_2+4x_3=11 \end{cases}\qquad (2)\quad \begin{cases} 5x_1+3x_2+3x_3=4 \\ 2x_1+6x_2-3x_3=-2 \\ 8x_1-3x_2+2x_3=-7 \end{cases}$$

$$(3)\quad \begin{cases} 10x_1+x_2+2x_3=62 \\ 2x_1+20x_2+x_3=200 \\ x_1+3x_2+25x_3=36 \end{cases}$$

6.3　メタノール 25.0 mol%，エタノール 15.0 mol%，水 60.0 mol% からなる3成分液体混合物を，毎時 100.0 kmol の割合で次図に示す蒸留塔に供給し成分分離を行っている．

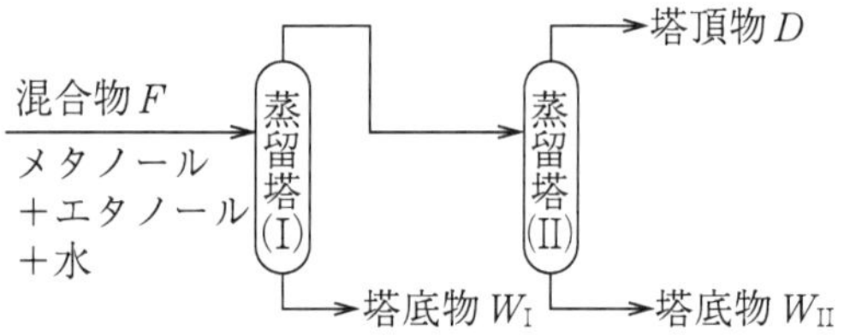

図6.4　蒸留操作（3成分系）

その際，第I塔からはメタノール 8.0 mol%，エタノール 12.0 mol%，水 80.0 mol% の塔底物，第II塔からはメタノール 99.0 mol%，エタノール 1.0 mol% の塔頂物とメタノール 1.0 mol%，エタノール 99.0 mol% の塔底物を得ている．1時間当りの第I塔の塔頂物および第II塔の塔頂物と塔底物の物質量流量 kmol/hr をガウス-ジョルダンの消去法を用いて求めよ．

6.4　例 6.5 を逆行列法を用いて解け．

6.5　演習問題 6.2 をガウス-ザイデルの逐次代入法で解け．ただし，初期値を $x_2^0=0$, $x_3^0=0$ とし，収束条件を $\varepsilon=10^{-4}$ とせよ．

6.6　例 6.5 をガウス-ザイデルの逐次代入法で解け．ただし，初期値を $a^0=30$ kmol, $b^0=30$ kmol, $c^0=40$ kmol, 収束条件を $\varepsilon=0.01$ kmol とせよ．

6.7　演習問題 6.3 をガウス-ザイデルの逐次代入法で解け．ただし，収束条件を $\varepsilon<0.01$ kmol とし，初期値は適当な値を仮定せよ．

7. 微分と積分

7.1 微分とは

化学や物理，あるいは工学では関数の値を求めるばかりでなく，関数の値の変化に着目する場合が多い．例えば，反応成分の濃度の時間変化を追跡することによって反応速度が決定されるし，反応装置内の温度の勾配（位置に対する温度の変化割合）を知ることによって反応装置に出入りする熱量が決定される．このような時間や位置の変化に伴う濃度や温度などの物理量の変化率は，数学においては微分係数（あるいは微分）と呼ばれて一般化されている．

これまでは，補間，曲線の当てはめ，方程式の解法などの章において，関数の値を求めることに注意を払ってきた．この章で扱う微分においては関数の変化率に注目する．しかも，微分を解析的に扱うだけではなく，数値解法によって微分係数の値を求める方法についても学ぶ．

微分係数の表す内容について知るために，地上 1.5 m の高さから鉄球を落下させる実験を考えてみよう．鉄球を放したときを時間 0 として，時間と鉄球の落下距離の関係を図 7.1 に示す．鉄球は落下を始めてから 0.45 秒後には 1 m ほどの落下距離に達する．では，落下の速度は図の上でどのように表されるであろうか．それは，考えている時間において曲線に接線を引いてみるとよい．この接線の傾きが落下速度を表す．初期には接線は横軸方向に近い傾きをもっているが，接線の傾きは次第に縦軸の方向に近づく．つまり，最初ゆっくり落下するが，次第に速度を速めることが接線の傾きの変化からわかる．曲線に接線を引いてその傾きを考えることは数学では微分係数を求めることに対応する．

ところで，関数 $y=f(x)$ の $x=a$ における微分係数 $f'(a)$ は次のように定義

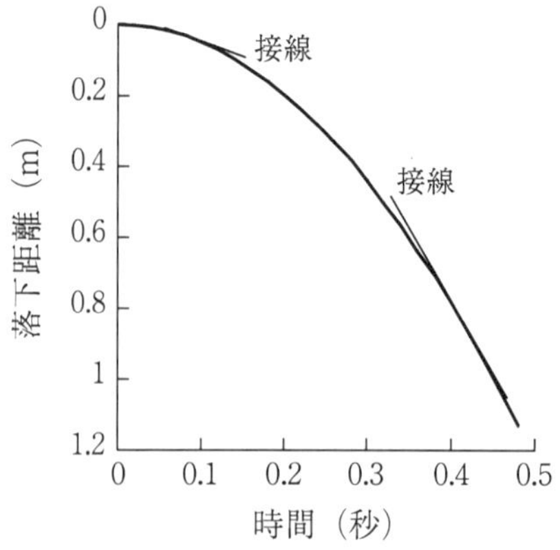

図7.1　鉄球の落下時間と落下距離の関係

される．

$$f'(a) = \lim_{h \to 0} \frac{f(a+h) - f(a)}{h} \tag{7.1}$$

図7.2に示すように，$f(x)$ が滑らかで連続であれば，x の増分 h として有限な値を指定すると，この増分に対応する関数値の増分 $f(a+h)-f(a)$ が定まる．その比，$[f(a+h)-f(a)]/h$，は $x=a$ と $x=a+h$ の間における関数の平均の変化率を表し，その値は一般に幅 h のとり方に依存している．つまり，式(7.1) は h を無限に狭めたときの極限の変化率が $x=a$ における微分係数を表すことを示している．すなわち，微分係数は図7.2の $x=a$ における接線の傾きを表している．

関数 $y=f(x)$ に対する微分係数を，$x=a$ のみならず x の各点について求め

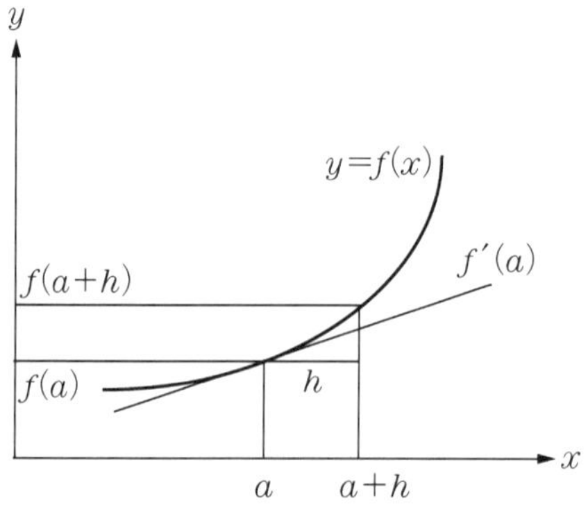

図7.2　関数 $y=f(x)$ の $x=a$ における微分係数

表7.1 導関数の公式

関数	導関数
$y=e^x$	$y'=e^x$
$y=x^n$	$y'=nx^{n-1}$
$y=\sin x$	$y'=\cos x$
$y=\cos x$	$y'=-\sin x$
$y=\tan x$	$y'=1/\cos^2 x$
$y=\ln x$	$y'=1/x$

ることができるならば，導関数 $f'(x)$ を次式によって定義できる．

$$f'(x)=\lim_{h\to 0}\frac{f(x+h)-f(x)}{h} \tag{7.2}$$

導関数の表し方には $f'(x)$ のほかに y' や dy/dx なども用いられる．導関数を求めることを微分するという．導関数も x の関数になるが，その関数形は式(7.2) の定義に基づいて決定される．表7.1に簡単な関数に対する導関数を示す．例えば，$f(x)=x^n$ を微分すると $f'(x)=nx^{n-1}$ となる（n は実数）が，$n=2$ に対してこの公式が正しいことを，式(7.2) に基づいて以下のように確認できる．

$$\begin{aligned} f'(x) &= \lim_{h\to 0}\frac{(x+h)^2-x^2}{h} \\ &= \lim_{h\to 0}\frac{2hx+h^2}{h} \\ &= \lim_{h\to 0}(2x+h) \\ &= 2x \end{aligned}$$

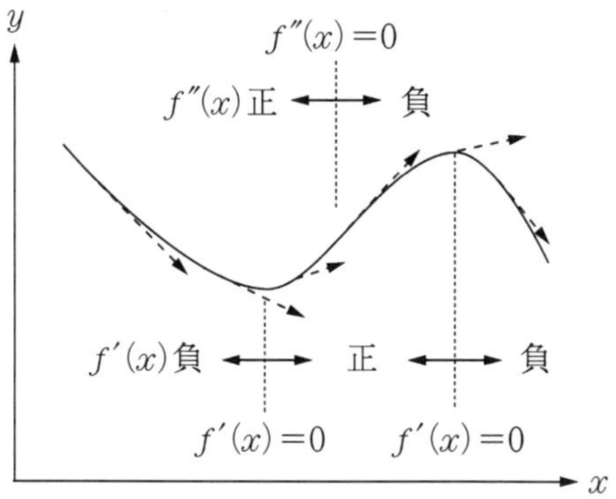

図7.3 関数の増減と導関数の正負の関係

導関数は関数の接線の傾きを表すので，図 7.3 に示すように，考えている x の区間で $f'(x)>0$ であれば関数は増加しているし，$f'(x)<0$ であれば関数は減少していることになる．また，$f'(x)=0$ であれば関数は一定となり，後で述べるように極大，あるいは極小に対応する．

一方，上で得られた導関数が滑らかで連続な関数であれば，式(7.2) で $f(x+h)$ を $f'(x+h)$，$f(x)$ を $f'(x)$ とおけば，その定義に従ってさらに微分することができる．これを 2 次導関数あるいは 2 階導関数と呼び，y''，$f''(x)$，あるいは d^2y/dx^2 と表す．また，n 次あるいは n 階導関数は $y^{(n)}=f^{(n)}(x)$ と表す．ここで，ある x の区間において $f''(x)>0$ であれば $f'(x)$ が増加していることになるので，図 7.3 に示すように，この区間では関数は下に凸な形をしている．逆に，$f''(x)<0$ であれば，関数の傾きは減少しているので上に凸な形をしている．$f''(x)=0$ の点では下に凸から上に凸な形に変曲するか，逆に上に凸から下に凸な形に変曲するかのいずれかに対応しており，その点は変曲点と呼ばれる．

導関数を利用すると関数のおおよその形を描くことができる．その手順を以下にまとめる．

（1） $f'(x)=0$ となる x の値を求める．

（2） そのまわりの x に対する $f'(x)$ の符号から関数の増減を決定する．

（3） $f''(x)=0$ となる x の値を求める．

（4） そのまわりの x に対する $f''(x)$ の符号から関数の凹凸を決定する．

【例 7.1】 分子間に働く力は分子間ポテンシャルによって代表することができる．次に示すレナード-ジョーンズ（Lennard-Jones）12-6 ポテンシャルの概形を描け．

$$U(r) = 4\varepsilon\left\{\left(\frac{\sigma}{r}\right)^{12}-\left(\frac{\sigma}{r}\right)^{6}\right\} \qquad \text{(a)}$$

ただし，r は分子間距離，ε は引力の最大エネルギー（ポテンシャルの井戸の深さ），σ は $U(r)=0$ になる r の位置を表す．

表 7.2 レナード-ジョーンズ 12-6 ポテンシャルに対する増減表

r	0		$2^{1/6}\sigma$		$(26/7)^{1/6}\sigma$	
$U(r)$	$+\infty$	↘	$-\varepsilon$	↗	$-(133/169)\varepsilon$	↗
$U'(r)$	$-\infty$	$-$	0	$+$	$(504\varepsilon/169\sigma)(7/26)^{1/6}$	$+$
$U''(r)$	$+$	$+$	$9\cdot 2^{8/3}\varepsilon/\sigma^2$	$+$	0	$-$

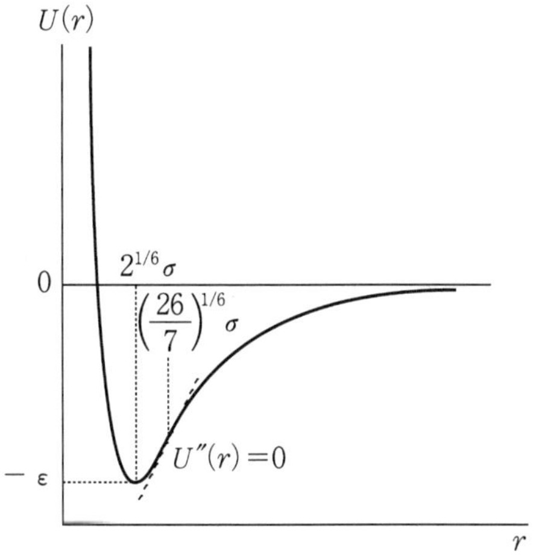

図 7.4 分子間ポテンシャル

【解】

$$U'(r) = 24\varepsilon\sigma^6 r^{-7}(1-2\sigma^6 r^{-6})$$
$$U''(r) = 24\varepsilon\sigma^6 r^{-8}(26\sigma^6 r^{-6}-7)$$

となるので，$U'(r)=0$ より $r=2^{1/6}\sigma$，$U''(r)=0$ より $r=(26/7)^{1/6}\sigma$ を得る．関数の増減と凹凸をまとめると表 7.2 のようになる．また，関数の形を図 7.4 に示す． ■

7.2 偏微分と全微分

7.1 節では 1 変数の関数を扱った．2 変数関数 $f(x, y)$ が連続で滑らかな関数

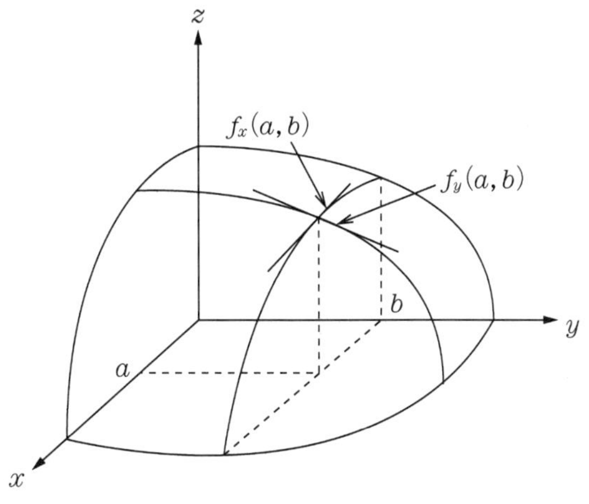

図 7.5 2 変数関数 $f(x, y)$ と平面 $x=a$ および $y=b$ の交点における接線と偏導関数の関係

であれば，やはり微分係数を定義できる．しかし 2 変数関数の場合には点（a, b）において 2 つの微分係数が定義される．このことを図で示すために，図 7.5 には 2 変数関数 $z=f(x, y)$ が作る曲面を x，y，z の 3 次元のグラフとして描いた．今，$y=b$ で表される平面の上にある 2 変数関数 $f(x, b)$ について，$x=a$ における偏微分係数を次式で定義する．

$$f_x(a, b) = \lim_{h\to 0}\frac{f(a+h, b)-f(a, b)}{h} \tag{7.3}$$

つまり，点（a, b）における x に関する偏微分係数は，y を b に等しい定数とみなして $x=a$ における $f(x, b)$ の微分係数を求めればよい．一方，y に関する偏微分係数は，$x=a$ が作る平面上にある 2 変数関数 $f(a, y)$ について，x を a に等しい定数とみなして $y=b$ における微分係数を求めればよい．すなわち，次式により $f(a, y)$ の $y=b$ における偏微分係数が定義される．

$$f_y(a, b) = \lim_{h\to 0}\frac{f(a, b+h)-f(a, b)}{h} \tag{7.4}$$

偏微分係数が存在するような点（x, y）において $f_x(x, y)$，$f_y(x, y)$ を考えれば，これらは x，y の関数になる．これらを $f(x, y)$ の x あるいは y についての偏導関数，あるいは偏微分という．偏導関数の表し方には $f_x(x, y)$，$f_y(x, y)$ の他に

$$f_x(x, y) = \left(\frac{\partial f}{\partial x}\right)_y, \qquad f_y(x, y) = \left(\frac{\partial f}{\partial y}\right)_x$$

なども用いられる．微分演算記号 ∂ は多変数関数に対する微分（偏微分）であり，1 変数関数の微分（常微分と称する）とは異なることを明示するために用いる．ここで，右辺の下添字の y あるいは x は一定に保つ変数を表す．

熱力学では偏導関数が多用される．それは系の内部エネルギー U やエンタルピー H などの状態量が，温度 T，圧力 P，体積 V，エントロピー S のうちのいずれか 2 つの値を指定すると定まる 2 変数の関数であることによる．熱力学において偏導関数を表すときには，一定に保たれる独立変数を添字によって明示する．例えば，温度と圧力の関数であるエンタルピー $H(T, P)$ の温度変化（定圧比熱 C_P と称する）は

$$C_P = \left(\frac{\partial H}{\partial T}\right)_P$$

と表される.

【例 7.2】 体積 V とエントロピー S を独立変数に選んだ内部エネルギー $U(V, S)$ の V と S についての偏導関数を表せ.

【解】 $(\partial U/\partial V)_S$, $(\partial U/\partial S)_V$ ■

関数 $f(x, y)$ において独立変数 x, y の変化に対する関数 f の変化は全微分 df によって表される. $f(x, y)$の全微分 df は, 独立変数 x, y の微分（x, yの無限小の変化）dx と dy, および x, y についての偏導関数 $(\partial f/\partial x)_y$, $(\partial f/\partial y)_x$ を用いて

$$df = \left(\frac{\partial f}{\partial x}\right)_y dx + \left(\frac{\partial f}{\partial y}\right)_x dy$$

$$= M(x, y)\,dx + N(x, y)\,dy \tag{7.5}$$

と定義される. さらに, 次式が成り立つとき, 式(7.5) を完全微分と呼ぶ.

$$\frac{\partial}{\partial x}\left(\frac{\partial f}{\partial y}\right)_x = \frac{\partial}{\partial y}\left(\frac{\partial f}{\partial x}\right)_y \quad \text{つまり} \quad \left(\frac{\partial M}{\partial y}\right)_x = \left(\frac{\partial N}{\partial x}\right)_y \tag{7.6}$$

【例 7.3】 内部エネルギー $U(V, S)$ の全微分を表せ. また, 内部エネルギーが状態量であることを利用してマックスウエル（Maxwell）の関係

$$\left(\frac{\partial T}{\partial V}\right)_S = -\left(\frac{\partial P}{\partial S}\right)_V \tag{a}$$

を導け. ただし, 熱力学第 1 法則と第 2 法則を組み合わせることによって

$$\left(\frac{\partial U}{\partial V}\right)_S = -P, \quad \left(\frac{\partial U}{\partial S}\right)_V = T \tag{b}$$

が明らかにされている.

【解】 $U(V, S)$ の全微分：

$$dU = \left(\frac{\partial U}{\partial V}\right)_S dV + \left(\frac{\partial U}{\partial S}\right)_V dS \tag{c}$$

式（b）を代入して

$$dU = -PdV + TdS \tag{d}$$

内部エネルギーは状態量であるから, 独立変数について偏微分の順序を取りかえてもその値は変わらない. すなわち, 式(7.6) に対応して次式が成り立つ.

$$\frac{\partial}{\partial S}\left(\frac{\partial U}{\partial V}\right)_S = \frac{\partial}{\partial V}\left(\frac{\partial U}{\partial S}\right)_V$$

この式に式（b）を代入すると式（a）を得る. ■

状態量には温度 T, 圧力 P, 体積 V, エントロピー S などの独立変数に選ばれる物理量や, 内部エネルギー U, エンタルピー H, ヘルムホルツ（Helmholtz）の自由エネルギー A, ギブス（Gibbs）の自由エネルギー G など

の従属変数に選ばれる物理量があげられる．任意の状態の変化に対するこれらの状態量の変化は，始点と終点の状態（T, P, V, S の値）によって決定され，途中の状態に依存しない．このことは，数学的には独立変数についての偏微分の順序を取りかえられることに対応している．したがって，状態量に対しては式(7.6) が成り立つのでその全微分はいつも完全微分である．

7.3 数値微分

以下に示すように，数値計算法を用いるとある点における微分係数や偏微分係数の数値を求めることができる．しかも，いったん微分係数を求めるプログラムができあがると，関数の形が単純であっても複雑であっても関数の定義部分を除いたプログラムの主要部はそのまま利用できる．

数値計算によって微分係数を求める最も単純な方法は，独立変数 x の増分 h と関数 $f(x)$ の増分 $f(a+h)-f(a)$ の比（差分商）として，微分係数 $f'(a)$ を次のように近似させる方法である．

$$f'(a) \fallingdotseq \frac{f(a+h)-f(a)}{h} \tag{7.7}$$

この近似では x の微小な区間 $[a, a+h]$ の間で関数 f が直線的に変化すると仮定している．しかし，図 7.6 に示すように，$x=a$ において曲率が大きな関数 $f(x)$ に対して直線と近似すると $f'(a)$ の計算の精度は低下する．一方，h が小さすぎると $f(a+h)-f(a)$ を計算する際に桁落ちが生じて誤差が大きくなる．結局，幅 h を変化させても $f'(a)$ の近似値が変わらなくなる適当な h を選ぶこ

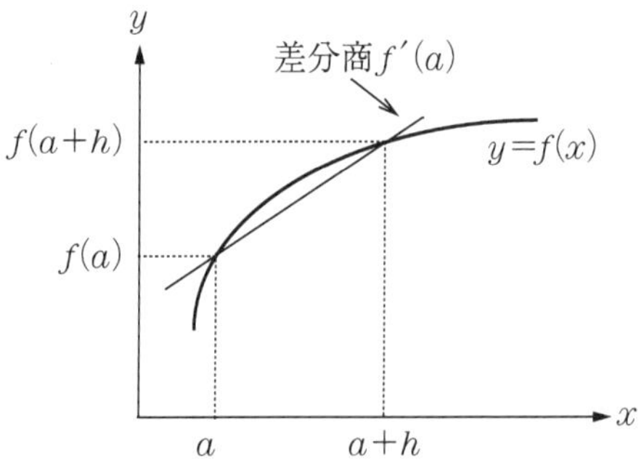

図 7.6　関数 $y=f(x)$ と差分商 $f'(a)$

表 7.3 1階の数値微分公式

区 間	$f'(a)$の近似式
$[a,\ a+h]$	$D_1=[f(a+h)-f(a)]/h$
$[a-h,\ a+h]$	$D_2=[f(a+h)-f(a-h)]/2h$
$[a,\ a+2h]$	$D_3=[-3f(a)+4f(a+h)-f(a+2h)]/2h$

とによってはじめて満足な近似値 $f'(a)$ が決定できる．

微分係数の近似値を求める際に，考えている区間を工夫し，また関数を多項式によって近似することにより，近似の精度を上げることができる．表 7.3 には微分係数の近似式をまとめた．

【例 7.4】 表 7.3 の 3 つの方法を用いて関数 $y=x^4$ の $x=0.001$ と $x=1$ における微分係数を求め，それぞれ解析的に求めた真値と比較せよ．さらに，表 7.3 の 3 つの方法を比較せよ．また，計算の有効数字と計算精度についても調べよ．

【解】 表 7.3 に示した 3 つの近似法 D_1，D_2，D_3 による計算値と真値 T の間の相対誤差 $(D_i-T)/T$ の値を，$x=0.001$ における単精度計算と倍精度計算について結果を表 7.4 に示した．また，$x=1$ における倍精度計算について，$(D_i-T)/T$ の計算値も示した．これらより，以下のことがわかる．

（1） 単精度，倍精度いずれの計算でも D_1の精度は低い．増分 h が大きなところでは D_2が優れている．全体として，D_1，D_2，D_3 の中では D_2 の精度が高い．

（2） 最も高い精度を与える h において単精度計算と倍精度計算の相対誤差を比較すると，単精度計算の相対誤差は倍精度計算の相対誤差のおおよそ 10^6 倍となる．

（3） つまり，$y=x^4$ の数値微分では D_2 による $h=10^{-6}\sim10^{-8}$ の倍精度計算が望ましい． ■

【例 7.5】 分子間に働く力 $F(r)$ は分子間ポテンシャルエネルギー $U(r)$ の勾配から

$$F(r)=-\frac{dU}{dr} \qquad \text{(a)}$$

と表される．$U(r)$ として図 7.4 に示したレナード-ジョーンズ 12-6 ポテンシャル（例 7.1 の式（a））を用いて，以下の問いに答えよ．ただし，分子としてアルゴンを想定し，$\sigma=0.3504$ nm を用いよ．

（1） $F(r)=0$ となる分子間距離 r_0 を求めよ．

（2） $0.5r_0$，$1.5r_0$ における分子間力を求めよ．

【解】

（1） 図 7.4 より $r<r_0$ では $F(r)>0$ となって斥力が働き，$r>r_0$ では $F(r)<0$ となって引力が働く．そこで，表 7.3 の D_1，D_2，D_3 の微分公式を用いて $F(r)=0$ と

表7.4　$y=x^4$ に対する微分係数の計算誤差

$x=0.001$　（単精度）

h	$(D_1-T)/T$	$(D_2-T)/T$	$(D_3-T)/T$
10^0	$2.51E+08$	$1.00E+06$	$-1.50E+09$
10^{-2}	$3.65E+02$	$1.00E+02$	$-1.70E+03$
10^{-4}	$1.60E-01$	$1.00E-02$	$-2.15E-02$
10^{-6}	$1.51E-03$	$1.38E-05$	$-1.33E-05$
10^{-8}	$1.76E-04$	$1.76E-04$	$1.76E-04$
10^{-10}	$8.42E-02$	$8.42E-02$	$8.42E-02$

$x=0.001$　（倍精度）

h	$(D_1-T)/T$	$(D_2-T)/T$	$(D_3-T)/T$
10^0	$2.51E+08$	$1.00E+06$	$-1.50E+09$
10^{-2}	$3.65E+02$	$1.00E+02$	$-1.70E+03$
10^{-4}	$1.60E-01$	$1.00E-02$	$-2.15E-02$
10^{-6}	$1.50E-03$	$1.00E-06$	$-2.00E-06$
10^{-8}	$1.50E-05$	$9.00E-11$	$-2.28E-10$
10^{-10}	$1.50E-07$	$7.11E-10$	$4.59E-10$

$x=1$　（倍精度）

h	$(D_1-T)/T$	$(D_2-T)/T$	$(D_3-T)/T$
10^0	$2.75E+00$	$1.00E+00$	$-3.50E-02$
10^{-2}	$1.51E-02$	$1.00E-04$	$-2.02E-04$
10^{-4}	$1.50E-04$	$1.00E-08$	$-2.00E-08$
10^{-6}	$1.50E-06$	$-1.29E-11$	$-1.38E-10$
10^{-8}	$5.03E-09$	$-3.30E-09$	$-2.83E-08$
10^{-10}	$8.27E-08$	$8.27E-08$	$8.27E-08$

表7.5　$F(r)=0$ となる分子間距離 r_0

h	r_0 (nm)		
	D_1から	D_2から	D_3から
$(2^{1/6}\sigma)/2$	0.354416	0.547695	0.355631
$(2^{1/6}\sigma)/4$	0.373914	0.412227	0.379411
$(2^{1/6}\sigma)/8$	0.390322	0.393646	0.392756
$(2^{1/6}\sigma)/16$	0.393119	0.393312	0.393308
$(2^{1/6}\sigma)/32$	0.393305	0.393311	0.393311
$(2^{1/6}\sigma)/64$	0.393311	0.393311	0.393311
$(2^{1/6}\sigma)/128$	0.393311	0.393311	0.393311

なる r を求める．結果を表7.5にまとめた．解析解は $r_0=(2^{1/6})\sigma=0.393311$ nm である．$h=(2^{1/6})\sigma/64$ 程度の増分を選べば D_1，D_2，D_3 のいずれの方法でも十分な精度で r_0 の値が得られている．

（2）　$h=(2^{1/6})\sigma/64$ として D_2 を用いて分子間力を求めた．その結果，$F(0.5r_0)/\varepsilon=2.535\times10^4\ \mathrm{nm}^{-1}$，$F(1.5r_0)/\varepsilon=-0.163\ \mathrm{nm}^{-1}$ であった．分子が安定に存在する距離 r_0 の半分内側に近づいた距離では F の符号はプラスであるから強い反発力（斥力）が働き，$r=1.5r_0$ では F の符号はマイナスであるから引力が働いている．その

大きさは斥力の 1.6×10^5 分の1である． ■

式(7.7) では点 $(a, f(a))$ と点 $(a+h, f(a+h))$ の間の平均の勾配によって1階の微分係数を近似した．さらに，$f(a+h)$ を $f(a)$ と h の関数として2階までの微分係数を用いて表すと次のようになる．

$$f(a+h) = f(a) + hf'(a) + \frac{h^2}{2}f''(a) \tag{7.8}$$

式(7.8) は $y=f(x)$ を $x=a$ のまわりにテイラー展開したことを表している．$f(a-h)$ について同様に表すと次式を得る．

$$f(a-h) = f(a) - hf'(a) + \frac{h^2}{2}f''(a) \tag{7.9}$$

式 (7.8) と式 (7.9) を加え合わせることによって $f'(a)$ を含む項が消去されて $f''(a)$ を h，$f(a-h)$，$f(a)$，$f(a+h)$ の関数として表すことができる．こうして求めた2階の微分係数の数値微分公式を表7.6に示す．

表7.6　2階の数値微分公式

区　間	$f''(a)$ の近似式
$[a-h,\ a+h]$	$D_4 = [f(a+h) - 2f(a) + f(a-h)]/h^2$
$[a-h,\ a+2h]$	$D_5 = [f(a) - 2f(a+h) + f(a+2h)]/h^2$

【例7.6】 2つの液体を混合したときに混合のギブスの自由エネルギー ΔG_M と組成 x の関係が図7.7のように表される．図7.7の曲線 (a) のように

$$\left(\frac{\partial^2 \Delta G_M}{\partial x^2}\right)_{T,P} > 0 \tag{a}$$

なら完全に混ざり合うし，図7.7の曲線 (b) に示すように極小，極大をもてば2相に分離する．次式によって ΔG_M と組成 x の関係が与えられる2成分混合液の323.15 K における溶解性を調べよ．

$$\Delta G_M = ARTx(1-x) + RT[x\ln x + (1-x)\ln(1-x)] \tag{b}$$

ただし，T は温度 (K) であり，$A=3$，$R=8.3144$ J/mol·K とする．

【解】 上述の表7.6の D_4 を用いて x の全範囲について2階の導関数を求めると，$\partial^2\Delta G_M/\partial x^2<0$ となる x の範囲が存在することがわかる．図7.7(b) には上の式によって与えられた ΔG_M と x の関係を示す．x と $\partial^2\Delta G_M/\partial x^2$ の関係において $\partial^2\Delta G_M/\partial x^2=0$ となる x を2分割法によって求めると $x=0.21132$，0.78868 を得る（この問題では $\partial^2\Delta G_M/\partial x^2=0$ は x について2次方程式に帰着するので解析的に解くことができる）．よってこの混合物は2相に分離する． ■

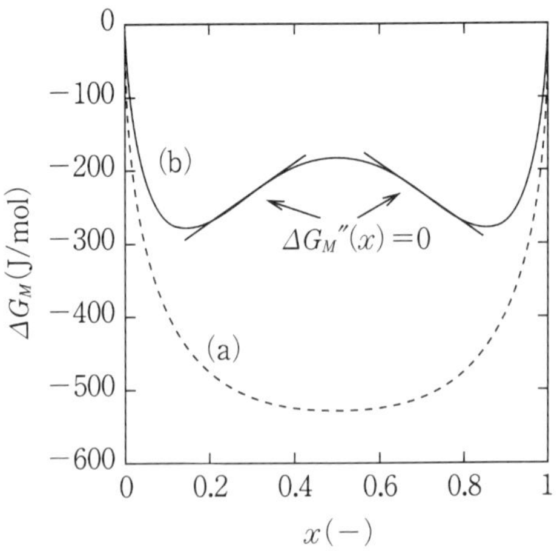

図7.7　混合のギブスの自由エネルギーの組成依存性
(a) 完全に混合する系，(b) 2相に分離する系

7.4　積　分　と　は

ある導関数 $y=f(x)$ が与えられたとき，微分する前の関数 $F(x)$ を $f(x)$ の不定積分（あるいは原始関数）と呼び，

$$\int f(x)\,dx = F(x)+C \tag{7.10}$$

と表す．つまり，不定積分は微分の逆の操作である．ここで，$f(x)$ は被積分関数という．$F(x)$ を $f(x)$ の不定積分の1つとすれば，任意の定数 C を加えた $F(x)+C$ も $f(x)$ の不定積分になることを式 (7.10) は表している．

次に，図を用いて定積分について考えてみよう．関数 $f(x)$ が区間 $[a, b]$ で連続であり，常に

$$y = f(x) \geqq 0$$

であるとき，この曲線と，$x=a$，$x=b$ によって囲まれた部分の面積（図7.8参照）を求めてみよう．この区間の中の x に対して a から x までの部分の面積を $S(x)$ と表す．x の増分 Δx に対する面積の増分 ΔS は x における関数 $f(x)$ と Δx の積によって近似できるから，

$$\Delta S = f(x)\Delta x$$

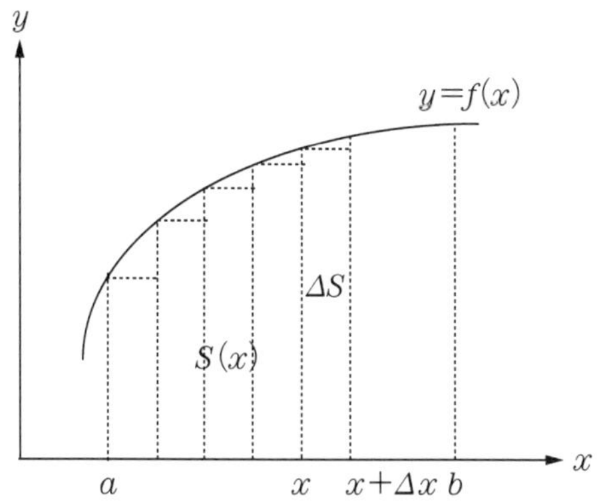

図7.8 積分と微小区間の面積

となる．今，Δx を無限に小さくすると

$$f(x) = \lim_{\Delta x \to 0} \frac{\Delta S(x)}{\Delta x} \tag{7.11}$$

を得る．$S(x)$ に定数を加えた関数についても式（7.11）と同じ関係が成り立つので，この式は $S(x)$ が $f(x)$ の不定積分の1つであることを示している．したがって，

$$S(x) = \int f(x)\,dx = F(x) + C \tag{7.12}$$

を得る．一方 $x=a$ では $S(a)=0$ であるから，$C=-F(a)$ となる．区間 $[a, b]$ の間の面積 $F(a)-F(b)$ を

$$\int_a^b f(x)\,dx = F(b) - F(a) \tag{7.13}$$

と表して，$f(x)$ の a から b までの定積分という．すなわち，定積分は，関数 $f(x)$ と x 軸および直線 $x=a$，$x=b$ によって囲まれる面積の値を表す．一方，不定積分 $F(x)$ を微分すると $f(x)$ になる．また，不定積分 $F(x)$ に対して具体的な x の座標 a，b を与えて差 $F(b)-F(a)$ をとると，それは定積分に等しくなる．

ここでは，$f(x) \geqq 0$ の場合について考えたが，$f(x)<0$ の場合であっても定積分は式（7.13）によって定義できる．ただし，このとき定積分は負の値になるので，面積を求める場合はマイナスを乗じた値に等しくなる．また，様々な関数に対して導関数が公式としてまとめられているのと同様に，不定積分も公式としてまとめられている．付表3に簡単な不定積分の公式を示す．

7.5 数 値 積 分

式 (7.13) の定積分を数値計算によって求める問題を考える．$f(x)$ の不定積分が解析的に求められる場合には定積分は容易に求められるが，不定積分が解析的に求められない場合には式 (7.13) の近似として数値積分を用いなければならない．定積分を求めるときには，図 7.9 に示すように，まず，x の区間 $[a, b]$ を幅 h の微小区間に等分割する．この微小区間と関数 $y=f(x)$ および x 軸によって囲まれた閉領域の面積 $\varDelta S$ を，矩形や台形などで近似する．例えば，矩形で近似する場合には，微小面積を全区間にわたって加算して得られる面積 $S=\sum_i \varDelta S_i=\sum_i hf(x_i)$ が数値積分の値になる．微小区間の面積をどのような形（関

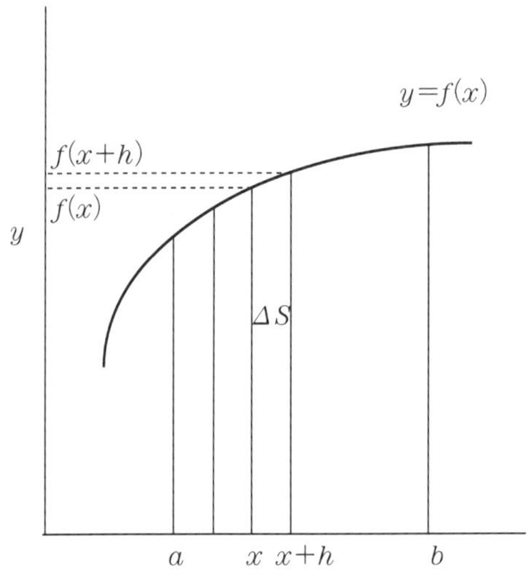

図 7.9　数値積分

表 7.7　数値解析による定積分の近似公式

近似法	微小区間の近似式
矩形則	$I_1=hf(x)$
中点則	$I_2=hf(M)$
台形則	$I_3=h[f(x)+f(x+h)]/2$
シンプソン則	$I_4=h[f(x)+4f(M)+f(x+h)]/6$
修正台形則	$I_5=h[f(x)+f(x+h)]/2+h^2[f'(x)+f'(x+h)]/12$

$M=x+h/2$

数）によって近似するかによって表7.7に示す定積分の近似公式が与えられる．

【例7.7】 表7.7の5つの方法により次の定積分を計算して比較せよ．ただし，10進5桁までの正しい値は0.74682である．

$$\int_0^1 e^{-x^2}dx$$

【解】 数値計算で留意すべきことが10章にまとめられており，図10.1にはシンプソン則によって数値積分するための流れ図が示されている．まず，積分範囲のaとbに下限と上限の値をそれぞれ代入する．x座標の増分hを$b-a$の1/4に設定して計算を行う場合が示されている．定積分を求めるためにxに初期値aを代入し，$x<b$であれば微小面積ΔSの計算を始める．面積値を格納する変数SにΔSを加え，その後にxをhだけ増加させる．その結果得られるxが$x<b$を満たせば再びΔSを求めてSに加える計算を繰り返す．$x \geqq b$であれば繰返し計算を終了して面積値Sを出力し，計算を終える．表7.8にはシンプソン則を用いて$h=1/4$について倍精度実数（有効数字13桁）で計算したときのx，$x+h$，$\exp(-x^2)$，ΔS，Sの計算の過程を示す．積分の下限として$a=0$を代入すると分母を0とする割り算が実行されて実行エラーとなるので，これを避けるために絶対値が十分に小さい値（$a=1\times10^{-30}$）を代入している．

表7.7のそれぞれの数値計算法によって求めた値を，表7.9に示す．矩形則と中点則では$h=1/2^7$まで刻み幅を狭めても5桁まで正しい値は得られないが，シンプソン則と

表7.8 定積分の計算の過程（シンプソン則，$h=1/4$のとき）

x	$x+h$	$\exp(-x^2)$	ΔS	S
1.0×10^{-30}	0.25	1.00000	0.24489	0.24489
0.25	0.50	0.93941	0.21639	0.46128
0.50	0.75	0.77880	0.16896	0.63024
0.75	1.00	0.56978	0.11658	0.74682

表7.9 定積分の数値計算値と等刻み幅hの関係

h	矩形則	中点則	台形則	シンプソン則	修正台形則
1	1	0.77880	0.68394	0.74718	0.74525
1/2	0.8894	0.75460	0.73137	0.74686	0.74670
$1/2^2$	0.82200	0.74875	0.74298	0.74682	0.74682
$1/2^3$	0.78537	0.74730	0.74587	0.74682	0.74682
$1/2^4$	0.76634	0.74694	0.74658	0.74682	0.74682
$1/2^5$	0.75664	0.74685	0.74676	0.74682	0.74682
$1/2^6$	0.75175	0.74683	0.74681	0.74682	0.74682
$1/2^7$	0.74929	0.74683	0.74682	0.74682	0.74682

修正台形則では $h=1/4$ において既に 5 桁まで正しい値が得られる．シンプソン則は微分係数を必要とはしないので簡単で精度が高く，数値積分法として優れている．■

【例 7.8】 反応平衡定数の温度変化

温度 T_1 から T_2 までの反応平衡定数 $K(T)$ の変化は

$$\ln\frac{K(T_2)}{K(T_1)} = \int_{T_1}^{T_2}\frac{\Delta H(T)}{RT^2}dT \tag{a}$$

によって与えられる．ここで，反応熱 $\Delta H(T)$ の温度依存性は

$$\Delta H(T) = \Delta H(T_1) + \int_{T_1}^{T}\Delta C_p dT \tag{b}$$

で与えられる．$\Delta H(T_1)$ は T_1 における反応熱を表す．また，ΔC_p は反応生成物の熱容量と反応成分の熱容量の差であり，その温度依存性は温度の 2 次式として与えられるものとする．

ここで，水分子の分解反応

$$H_2O(g) \longrightarrow H_2 + (1/2)O_2$$

について以下の問いに答えよ．ただし，$\Delta H(291.15)=241750$ J であり，水素，酸素，水に対する熱容量の温度依存性は表 7.10 に与えられている．

表 7.10 101 kPa における気体の熱容量（273－1500 K）

気体	a	$b\times10^3$	$c\times10^7$
H_2	29.07	− 0.836	20.1
O_2	25.72	12.98	− 38.6
H_2O	30.36	9.61	11.8
ΔC_p	11.57	− 3.956	− 11

$C_p(T) = a + bT + cT^2$ (J/mol·K)

（1） 298.15 K における反応熱 $\Delta H(298.15)$ を求めよ．

（2） 温度が 291.15 K から 298.15 K まで上昇すると反応平衡定数は何倍になるか．

【解】

（1） この反応に伴う熱容量の変化 ΔC_p は，例えば，定数 a については $a(H_2)+(1/2)a(O_2)-a(H_2O)=29.07+25.72/2-30.36=11.57$ J/mol·K となる．T と T^2 についての係数 b，c についても同様に求められ，表 7.10 に示されている．その結果，

$$\Delta C_p = 11.57-3.956\times10^{-3}T-11.0\times10^{-7}T^2 \tag{c}$$

を得る．この関係を式（b）に代入し，シンプソン則によって［291.15, 298.15］の区間の定積分を実行して，$\Delta H(298.15)=241{,}822$ J を得る．この値は，式(b) の解析的積分から得られる値 241,822 J に一致している．

（2）　式（b）の積分を［291.15，T］の区間でシンプソン則により実行して，得られた $\varDelta H(T)$ の値を RT^2 で除して被積分関数の値を T，$T+h/2$，$T+h$ のそれぞれの値に対して求めて，これらにシンプソン則を適用する．式（a）に従って T_1 から T_2 まで積分する計算の流れ図を図10.2に示す．$h=3.5$ K として計算すると

$$\int_{291.15}^{298.15} \frac{\varDelta H(T)}{RT^2} dT = 2.37632 \qquad \text{(d)}$$

を得る．式（b）を式（a）に代入して解析的に積分を行うと2.37667を得る．したがって，平衡定数は exp2.376＝10.76倍になる．■

7.6　ガウスの積分公式

重み関数を用いた関数 $f(x)$ の多項式近似から，ガウスの公式と呼ばれる有用な定積分の数値解析法が得られる．ここで，以下の定積分 S をその公式で求める．

$$S = \int_a^b f(x)\, dx \qquad (7.14)$$

ガウスの公式は被積分関数 $f(x)$ が滑らかなときには非常に有効な方法である．分点の数として2点以上を選べるが，簡単であって，しかも精度を備えているガウスの5点公式の数値積分法を以下にまとめる．

（1）　$y=f(x)$ の定積分の範囲 $[a, b]$ を $[-1, 1]$ に変換する．このとき，

$$t = \frac{2x-(a+b)}{b-a} \qquad (7.15)$$

を用いる．

（2）　式（7.15）を変形することで得られる $x=[(a+b)+t(b-a)]/2$ を用いて $\int_a^b f(x)\, dx$ を $\int_{-1}^1 g(t)\, dt$ に変換する．

表7.11　ガウスの5点公式における分点と重み

k	a_k	A_k
0	− 0.90617985	0.23692689
1	− 0.53846931	0.47862867
2	0	0.56888889
3	0.53846931	0.47862867
4	0.90617985	0.23692689

（3） $g(t)$ の $[-1,1]$ の範囲の定積分を分点 a_k $(k=0,1,2,3,4)$ に対する重み A_k を用いて次式の線形結合によって近似する．

$$S = A_0 g(a_0) + A_1 g(a_1) + A_2 g(a_2) + A_3 g(a_3) + A_4 g(a_4) \qquad (7.16)$$

ここで，分点と重みは表 7.11 によって与えられる．

【例 7.9】 例 7.7 の定積分をガウスの 5 点公式によって行え．

【解】 $a=0$，$b=1$ であるから，$x=[t(b-a)+(a+b)]/2=(1+t)/2$，および，$dx=(1/2)\,dt$ より

$$\int_a^b \exp(-x^2)\,dx = \frac{1}{2}\int_{-1}^{1}\exp\left[-\left(\frac{1+t}{2}\right)^2\right]dt \qquad (\mathrm{a})$$

$$= \frac{1}{2}\int_{-1}^{1} g(t)\,dt \qquad (\mathrm{b})$$

$$= \frac{1}{2}\sum_{k=0}^{4} A_k g(a_k) \qquad (\mathrm{c})$$

$$\begin{aligned} = (0.5)[&0.23692689g(-0.90617985)\\ &+0.47862867g(-0.53846931)\\ &+0.56888889g(0)\\ &+0.47862867g(0.53846931)\\ &+0.23692689g(0.90617985)] \end{aligned}$$

$$= 0.74682413 \qquad (\mathrm{d})$$

を得る．この値は正しい値（解析解）0.74682 と一致する．■

【例 7.10】 例 7.8 の平衡定数の温度変化をガウスの公式を用いて計算せよ．

【解】

（1） $T=[t(T-T_1)+(T+T_1)]/2$ および $dT=[(T-T_1)/2]dt$ を例 7.8 の式 (a) に適用して

$$\varDelta H(T) = 241750 + \frac{T-T_1}{2}\sum_{k=0}^{4} A_k f(a_k, T) \qquad (\mathrm{a})$$

$$f(a_k, T) = a + \frac{b[(a_k(T-T_1)+(T+T_1)]}{2} + c\left(\frac{a_k(T-T_1)+(T+T_1)}{2}\right)^2 \qquad (\mathrm{b})$$

を得る．分点と重みを代入することにより，$\varDelta H(298.15)=241822$ J を得る．

（2） 式 (7.15) による積分区間の変更により $T=[t(T_2-T_1)+(T_1+T_2)]/2$ を得る．これを例 7.8 の式 (a) の被積分関数 $\varDelta H(T)/RT^2$ に代入し，かつ，$dT=[(T_2-T_1)/2]\ dt$ より

$$\int_{T_1}^{T_2}\frac{\varDelta H(T)}{RT^2}dT = \frac{(T_2-T_1)}{2}\sum_{k=0}^{4} A_k \frac{\varDelta H([a_k(T_2-T_1)+(T_2+T_1)]/2)}{R\{[a_k(T_2-T_1)+(T_2+T_1)]/2\}^2}$$

$$= 2.3450 \qquad (\mathrm{c})$$

を得る．■

演　習　問　題

7.1　全微分の定義と熱力学第1法則，熱力学第2法則よりエンタルピー $H(P, S)$ とヘルムホルツの自由エネルギー $A(V, T)$，およびギブスの自由エネルギー $G(P, T)$ は次のように表される．

$$dH = VdP + TdS$$
$$dA = -PdV - SdT$$
$$dG = VdP - SdT$$

H，A，G が状態量であることを利用して，それぞれの式に対してマックスウエルの関係式（例7.3参照）を示せ．

7.2　n_1 mol の水に1 mol の液体 H_2SO_4 を加える反応

$$H_2SO_4(l) + n_1H_2O \longrightarrow H_2SO_4(n_1H_2O)$$

において，H_2SO_4 1 mol 当りの積分溶解熱 $\varDelta H_s$ は H_2SO_4 に対する水のモル比 n_1/n_2 に対して表7.12のように与えられる．

例えば，$n_1/n_2=1$ から $n_1/n_2=5$ まで希釈されたときの積分溶解熱は 28.07−58.03＝−29.96 kJ/mol H_2SO_4 と求まる．一方，微分溶解熱が

$$\varDelta H_2 = \left(\frac{\partial \varDelta H_s}{\partial n_2}\right)_{T,S,n_1}$$

と定義されることを利用して，$n_1=2$，$n_2=1$ における微分溶解熱を数値微分によって求めよ．

表7.12　積分溶解熱（ムーア，1974）

n_1/n_2 mol H_2O/mol H_2SO_4	$-\varDelta H_s$ (298.15K) kJ/mol H_2SO_4
0.5	15.73
1	28.07
1.5	36.90
2	41.92
5	58.03
10	67.03
20	71.50
50	73.35
100	73.97
1000	78.58
10000	87.07
100000	93.64
∞	96.19

$H_2SO_4(l) + n_1H_2O \rightarrow H_2SO_4(n_1H_2O)$

7.3　容積一定の回分反応器において反応成分 A の反応率 x_A に対する反応速度 $r(x_A)$ と反応時間 t の関係は次式で与えられる．

$$t = C_{A0}\int_0^{x_A}\frac{1}{-r(x_A)}dx_A$$

ここで C_{A0} は反応成分 A の初期濃度である．反応速度が次式で与えられる反応に対して

$$r_A = -kC_{A0}(1-x_A)$$

反応速度定数 k が $0.002\ \mathrm{s}^{-1}$ であるとき，成分 A の初期濃度 $C_{A0}=2.0\ \mathrm{kmol/m^3}$ の 90% が反応するのに要する時間を求めよ．表 7.7 にあるすべての数値積分法で行って比較せよ．

7.4　半径 1 cm の球の体積が $(4/3)\pi\ \mathrm{cm}^3$ であることを数値計算によって確認したい．半円

$$y = \sqrt{1-x^2}$$

を x 軸のまわりに回転して得られる回転体の体積を定積分

$$V = \pi\int_{-1}^{1}(\sqrt{1-x^2})^2dx$$

を矩形則で積分すると，0.1% の誤差内で体積を求めるためには刻み幅をどのようにすればよいか．

7.5　x に関する方程式

$$x-\log_p x = 0$$

が実根をもつためには p はどのような範囲になければならないか．

8. 微分方程式

8.1 微分方程式の性質

a. 常微分方程式と偏微分方程式

独立変数 x と従属変数 $y=f(x)$，および y の導関数 $y', y'', \cdots, y^{(n)}$ を含む方程式を y に関する常微分方程式という．一方，2つ以上の独立変数 $x, y, \cdots$ とその関数 $f(x, y, \cdots)$，および，$x, y, \cdots$ についての偏導関数を含む方程式を偏微分方程式という．例えば，

$$\frac{dy}{dx}+\frac{d^2y}{dx^2}=2xy$$

は常微分方程式であり，

$$zy\left(\frac{\partial z}{\partial x}\right)_y=\left(\frac{\partial z}{\partial y}\right)_x$$

は偏微分方程式である．

b. 線形と非線形

常微分方程式および偏微分方程式において方程式が従属変数とその導関数のすべてについて1次式となるとき，線形であるという．また，線形でない方程式をまとめて非線形微分方程式と呼ぶ．

【例 8.1】 次の微分方程式のうちで非線形な微分方程式を選べ．

$$\frac{\partial f}{\partial x}+\frac{\partial f}{\partial y}=x^2 \qquad \text{(a)}$$

$$\frac{\partial T}{\partial t}=a\frac{\partial^2 T}{\partial x^2} \qquad \text{(b)}$$

$$y\frac{dy}{dx}-xy+1=0 \tag{c}$$

【解】 (c) の $y(dy/dx)$ は非線形な項である．よって，式 (c) が非線形である．　■

c. 初期条件と境界条件

微分方程式は独立変数の変化に対する従属変数の変化率を与えるので，ある特別な点における従属変数の値がわかれば，その点に隣接する（独立変数の微小幅隔たった）点に対する関数値が決定できる．これを繰り返して独立変数の有限な区間に対する従属変数（関数）の値を決定することができる．ある特定な独立変数の値とそれに対する関数の値を初期条件（IC ; initial condition），および境界条件（BC ; boundary condition）と呼ぶ．例えば，次の熱伝導の方程式

$$\frac{\partial T}{\partial t}=\alpha\frac{\partial^2 T}{\partial x^2} \tag{8.1}$$

を長さ L の金属棒の中の熱伝導に適用する．ここで，独立変数の t と x はそれぞれ時間と長さ（位置）を表し，従属変数 T はある時間，ある位置における温度である．α は熱伝導度を密度と比熱で割った温度拡散係数を表す．式 (8.1) を解くための条件として IC は

$$t=0 \quad \text{において} \quad 0 \leqq x \leqq L \text{ の範囲で } T=273.15\,\mathrm{K}$$

BC は

t>0 において

$$x=0 \quad \text{で} \quad T=373.15\,\mathrm{K}$$
$$x=L \quad \text{で} \quad T=373.15\,\mathrm{K}$$

などのように与えられる．初期条件と境界条件は，1 階の微分方程式ならば IC あるいは BC として 1 組を与えなければならず，n 階の微分方程式であれば n 組の条件を与える必要がある．上の例では t について 1 階であるから IC が 1 つ必要であり，x について 2 階であるから BC が 2 組必要である．これらの条件では独立変数とそれに対する関数の値を与えてもよいし，導関数を含んだ等式を与えてもよい．それは，n 階の微分方程式を解くために n 回の積分を行うと n 個の積分定数が一般解に含まれ，これら n 個の定数の値を定めるためには n 組の独立変数と従属変数の関係が必要になることに対応している．

8.2 微分方程式のたて方

微分方程式は独立変数 x の微小な変化 Δx と，この変化に対する従属変数 y の変化 Δy の関係を等式として表し，Δx を無限に 0 に近づけることによって得られる．現実に生じる現象に対して等式を得るわけであるから，独立変数には時間や位置を表す座標が選ばれる．従属変数は対象となる現象に応じて変わる．多くの場合に等式は物質やエネルギーの保存則など物理・化学的法則を表している．保存則を考える（収支をとる）ときには，最初に収支をとる領域を決定し，この領域のまわりの収支を表す次式

$$\text{流入量}-\text{流出量}+\text{発生量}=\text{蓄積量} \tag{8.2}$$

の各項を求める．領域を決定するときには，従属変数が一様に分布する範囲を選ばなければならず，対象となる領域内で従属変数の値が変化していてはいけない．

【例 8.2】 図 8.1 に示すように，よく攪拌された容器に置かれた体積 $V\,(\mathrm{m^3})$，密度 $\rho\,(\mathrm{g/m^3})$，食塩の重量分率 w の食塩水に，流量 $Q\,(\mathrm{m^3/s})$ の速度で密度 $\rho_w\,(\mathrm{g/m^3})$ の真水が供給されている．食塩水は十分に攪拌されているとして，w と時間 t の関係を微分方程式として表せ．

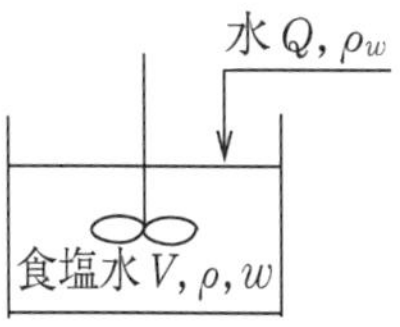

図 8.1 食塩水の攪拌と給水

【解】 重量分率 w の時間変化を直接表そうとすると難しくなる．w を規定する物理法則は何かを考えて，前記の作業を順に進めるのがよい．収支をとる領域には攪拌によって組成が均一な食塩水の体積をとる．短い時間 Δt における水の質量に対する収支（式 (8.2)）は

$$\begin{aligned} \text{流入量} &= Q\rho_w\Delta t \\ \text{流出量} &= 0 \\ \text{蓄積量} &= \Delta[V\rho(1-w)] \\ \text{発生量} &= 0 \end{aligned}$$

より，$Q\rho_w\Delta t=\Delta[V\rho(1-w)]$．次に，$\Delta t\to 0$ の極限を考えて，

$$Q\rho_w = \frac{d[V\rho(1-w)]}{dt} \qquad \text{(a)}$$

を得る．右辺の関数を微分して，

$$Q\rho_w = (1-w)\frac{d(V\rho)}{dt} - V\rho\frac{dw}{dt} \qquad \text{(b)}$$

を得る．一方，食塩の質量に対する収支式は

流入量 $= 0$
流出量 $= 0$
蓄積量 $= \Delta(V\rho w)$
発生量 $= 0$

より，$d(V\rho w)/dt=0$ を得る．両式より w と t の関係を示す微分方程式を得る．

$$\frac{dw}{dt} = -\frac{Q\rho_w}{V\rho}w \qquad \text{(c)}$$ ■

【例 8.3】 図 8.2 に示すように，容積 $V\,(\mathrm{m^3})$ を一定とみなせる液相反応が完全混合状態で生じている．反応成分 A の反応速度を r_A として A の反応率 x_A と時間の関係を表す微分方程式を求めよ．ただし，反応率と反応成分 A の濃度 $C_A\,(\mathrm{mol/m^3})$ の関係は，$C_A=C_{A0}(1-x_A)$ によって表される．ここで C_{A0} は A の初期濃度である．

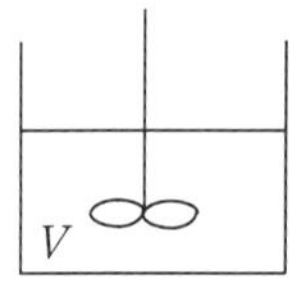

図 8.2　定容回分反応槽

【解】 収支を考える領域として反応液の体積 V をとる．A のモル数に対する収支は

流入量 $= 0$
流出量 $= 0$
蓄積量 $= VdC_A/dt$
発生量 $= r_A V$

となるので，A の保存式は

$$V\frac{dC_A}{dt} = Vr_A \qquad \text{(a)}$$

となる．反応率を用いて表すと次式を得る．

$$-C_{A0}\frac{dx_A}{dt} = r_A \qquad \text{(b)}$$

この式を積分すると 7 章の演習問題 7.3 にある積分した形の式が得られる． ■

【例 8.4】 ランバート（Lambert）の光吸収の法則によると，光が透明な媒質を透過するとき，媒質によって吸収される割合は光が透過する媒質層の厚さに比例する．光が媒

質に入った位置から x の距離における光の強度を I として，I と x の関係を表す微分方程式を示せ．

【解】 厚さ dx の媒質に光が吸収される割合を正の値として表すと $-dI/I$ であるから，比例係数を b として

$$-\frac{dI}{I} = bdx \tag{a}$$

を得る．すなわち，ランバートの法則を定式化すると次式になる．

$$\frac{dI}{dx} = -bI \tag{b}$$ ■

8.3 常微分方程式の数値解法

微分方程式は初期条件や境界条件を与えることによって解くことができる．しかし，一部の微分方程式は解析的にも解きうるが，単純なあるいは特別な場合に限られる．その他の場合は数値解法によって計算機で解くことになる．したがって，微分方程式の数値解法は重要な学習項目になる．

a. 1階常微分方程式の数値解法

次式のように一般化された1階常微分方程式

$$\frac{dy}{dx} = f(x, y) \tag{8.3}$$

を次の初期条件

$$y(x_0) = y_0$$

のもとに数値的に解く方法についてまとめる．多くの解法が提案されているが，実用上重要な4つの方法について説明する．

（1） オイラー法

式 (8.3) の解を求めようとする x の区間 $[a, b]$ を N 等分し，刻み幅 h を $h=(b-a)/N$ と定め，

$$x_0 = a, \quad x_n = a+nh, \quad y(x_n) = y(a+nh), \quad x_N = b$$

とおく．オイラー法では式 (8.3) を

$$\frac{y_{n+1}-y_n}{h} = f(x_n, y_n) \quad (n = 0, 1, \cdots, N-1)$$

と近似する．つまり，区間 h 内で f は直線であると仮定する．y_{n+1} について解いて

$$y_{n+1} = y_n + hf(x_n, y_n) \tag{8.4}$$

を得る．計算においては，まず初期条件から $x_n = x_0$，$y_n = y_0$ を式（8.4）の右辺に代入して，x_1 に対する関数値 y_1 を求める．これらを再び式（8.4）の右辺に代入して $y_2, \cdots, y_N$ を順に決定する．

（2） テイラー法

もし，$y(x)$ が式（8.3）の正確な解とするなら，$y(x)$ を $x = x_0$ のまわりでテイラー展開して

$$y(x) = y_0 + (x - x_0)\,y'(x_0) + \frac{(x - x_0)^2}{2}\,y''(x_0) + \cdots$$

を得る．2 次のテイラー法では 2 階の微分項までとって $y(x)$ を近似する．そこで，上式において $h = x - x_0$ とおき，x_0 を x_n に置き換えると次の 2 次のテイラー式を得る．

$$\begin{aligned} y_{n+1} &= y_n + hy'(x_n) + \frac{h^2}{2}\,y''(x_n) \\ &= y_n + hf(x_n, y_n) + \frac{h^2}{2}\,f'(x_n, y_n) \end{aligned} \tag{8.5}$$

なお，式（8.3）より $y'(x_n) = f(x_n, y_n)$ であるから，1 次のテイラー法はオイラー法に等しい．

（3） ルンゲ-クッタ法

オイラー法は計算が簡単であるが，計算精度を上げるためには h を小さくする必要がある．一方，高次のテイラー法は高階導関数を必要とするので利用しづらい．ルンゲ-クッタ法はこれらの欠点を補い，部分区間に分けて $f(x, y)$ の近似値を精度よく求めるとともに高階導関数を用いない近似法である．4 次のルンゲ-クッタ法は

$$y_{n+1} = y_n + \frac{1}{6}(k_1 + 2k_2 + 2k_3 + k_4) \tag{8.6}$$

$$k_1 = hf(x_n, y_n)$$

$$k_2 = hf(x_n + h/2,\ y_n + 0.5k_1)$$

$$k_3 = hf(x_n + h/2,\ y_n + 0.5k_2)$$

$$k_4 = hf(x_n+h,\ y_n+k_3)$$

と与えられる．ルンゲ-クッタ法の良いところは，点 $x=x_n$ における y の値 y_n のみを用いて高精度に y_{n+1} を求められることである．

（4） 予測子-修正子法

式（8.4）を x_n から x_{n+1} まで積分すると

$$y_{n+1} = y_n + \int_{x_n}^{x_{n+1}} f(x,y)\,dx$$

と書ける．そこで，オイラー法などの前進差分型公式によってまず y_{n+1}^0(予測子）を求め，次に台形則のような帰還型公式を用いて y_{n+1}^1(修正子）を求め，y_{n+1}^n が y_{n+1}^{n+1} に一致するまで計算する方法を予測子-修正子法と呼ぶ．なお，上付きの数字は繰返し回数である．上の式の右辺の積分を台形則により近似すると，

$$y_{n+1} = y_n + \frac{h}{2}[f(x_n, y_n) + f(x_{n+1}, y_{n+1})] \tag{8.7}$$

を得る．式（8.7）の右辺には求めようとする y_{n+1} が含まれる．つまり，予測子-修正子法では y_{n+1} の初期値 y_{n+1}^0 をオイラー法により求め，これを式（8.7）の右辺に代入して y_{n+1}^1 を定める．この操作を順次繰り返して y_{n+1}^k と y_{n+1}^{k-1} が許容誤差内で一致するまで続ける．予測子-修正子法の計算手順を以下に示す．

① オイラー法により，$y_{n+1}^0 = y_n + hf(x_n, y_n)$ として y_{n+1}^0 の初期値を求める．

② $y_{n+1}^k = y_n + (h/2)[f(x_n, y_n) + f(x_{n+1}, y_{n+1}^{k-1})]$ $(n = 0, 1, \cdots, N-1)$

(8.8)

より，$y_{n+1}^k (k=1, 2, \cdots)$ を求め，許容誤差 ε に対して

$$\left|\frac{y_{n+1}^k - y_{n+1}^{k-1}}{y_{n+1}^k}\right| < \varepsilon$$

を満たすまで繰り返す．

【例 8.5】 例 8.4 の式（b）を，$x=0$ から 0.01 m の範囲に対して上記の 4 種の数値解法によって解いて精度を比較せよ．ただし，境界条件として

$$x = 0 \quad \text{において} \quad I/I_0 = 1$$

を用いよ．ここで，I_0 は入射光の強度である．

【解】 計算の流れ図（オイラー法）を図 10.3 に示す．$N=100$ としてルンゲ-クッタ法により計算した I/I_0 の値を図 8.3 に示す．係数 b が増加するに従い，I/I_0 の減衰は強くなる．

表 8.1 には，$b=100\ \mathrm{m}^{-1}$ の場合について数値計算によって得た解（I/I_o）と解析解

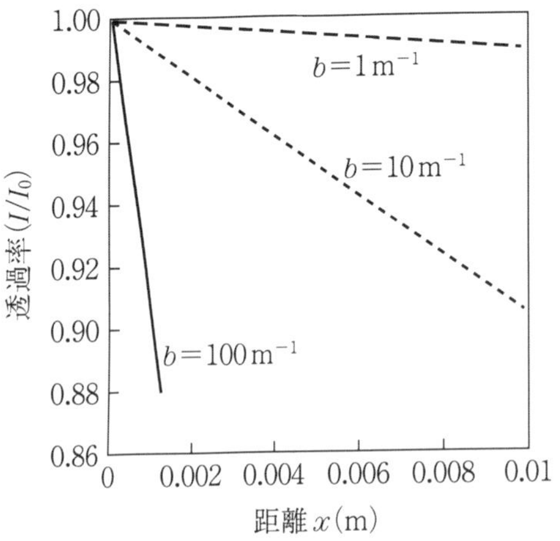

図 8.3　透過率と距離（媒質の深さ）の関係

表 8.1　ランバートの法則に対する数値解法の比較（平均相対誤差）

分割数 N	オイラー法	テイラー法	ルンゲ-クッタ法	予測子-修正子法	k
10	15.1197	11.2926	11.4194	11.4779	14
100	1.4124	1.1171	1.1191	1.1189	4
1000	0.1265	0.1012	0.1012	0.1262	0
10000	0.0126	0.0099	0.0099	0.0126	0
20000	0.0063	0.005	0.005	0.0063	0

$$平均相対誤差 = \frac{100}{n}\sum\left|\frac{数値解-解析解}{解析解}\right|,$$ ここで n はデータ数．

$\exp(-bI)$ の相対誤差の絶対値を x の刻み幅のそれぞれに対して求めた値を 4 種の数値解法についてまとめた．この例では，誤差はおおよそ分割数の逆数に比例している．$N=1{,}000$ では 0.1% 程度の誤差を含む．

テイラー法とルンゲ-クッタ法はオイラー法に比べて精度が高い．予測子-修正子法は，分割数が小さい場合には精度は他の方法より若干よい．$\varepsilon=10^{-6}$ のときの式 (8.8) の試行回数 k も同時に示したが，N が小さい場合に多数回の試行が必要になる．一方，初期仮定値 y_{n+1}^0 をオイラー法の代りにルンゲ-クッタ法から求めると，予測子-修正子法の誤差は N の全範囲にわたってルンゲ-クッタ法の誤差におおよそ等しくなる．全体として判断すると，ルンゲ-クッタ法は計算法が簡単であり，計算精度が高い点で優れている． ■

【例 8.6】　例 8.3 の式 (b) において反応成分 A に対する反応速度が 1 次反応として

$$r_A = -kC_{A0}(1-x_A) \tag{a}$$

と与えられたとする．ただし，x_A は A の反応率を表す．このとき微分方程式は次式になる．

$$dx_A/dt = k(1-x_A) \tag{b}$$

初期条件として

$$t=0 \quad で \quad x_A=0$$

を用いて，反応率が 90% になる反応時間 t を求めよ．ただし，$k=0.002\ s^{-1}$ とする．

【解】　この問題は演習問題 7.3 において数値積分によって解いた．解析解から求めると反応時間として 1,151.293 s を得る．上記の式（b）を数値解法によって解こうとすると，t に対する計算の上限が明らかになっていない．そこで，$t=0$ から計算を始めて x_A が 0.9 を超えたときの t の値を求めることにする．時間の増分 h と反応時間の関係をオイラー法，テイラー法，ルンゲ-クッタ法に対して表 8.2 に示す．$h=0.001$ s のときにルンゲ-クッタ法で真値が得られている．この例では近似法による誤差に加えて計算を打ち切る上限時間の選び方が結果に強く影響するので，ルンゲ-クッタ法であっても細かな分割計算を行う必要がある．

図 8.4 に $h=0.1$ s においてルンゲ-クッタ法によって計算した A の残存率 $1-x_A$ と

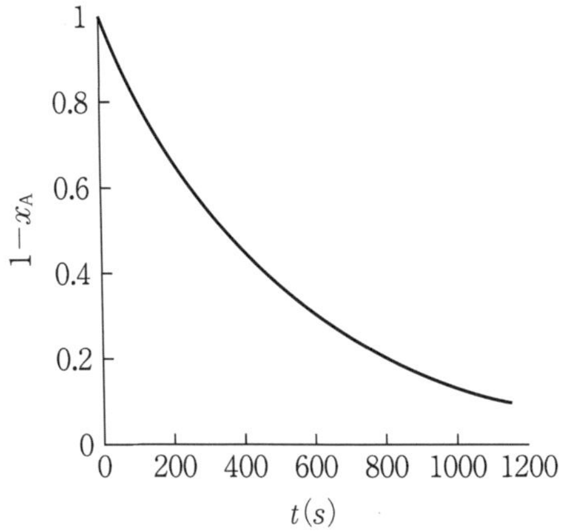

図 8.4　反応率の時間変化

表 8.2　1 次反応に対する反応時間

h(s)	オイラー	テイラー	ルンゲ-クッタ
10	1140.000		1160.000
1	1151.000		1152.000
0.1	1151.200	1472.100	1151.300
0.01	1151.290	1174.430	1151.300
0.001	1151.292	1153.548	1151.293

真値＝1151.293

時間 t の関係を示す．

なお，解析解が存在しない，あるいは利用できない場合（現実にはこのケースがたくさんある），計算方法が正しいことを確認する1つの方法は，いくつかの数値解法による解が計算誤差内で互いに一致することを確認することである．■

b. 1階連立常微分方程式の数値解法

1階連立常微分方程式の一般形は次式で表される．

$$\frac{dy_i(x)}{dx} = f_i(x, y_1(x), y_2(x), \cdots, y_n(x)) \quad (i = 1, 2, \cdots, n) \tag{8.9}$$

これら1階連立常微分方程式も前述の数値解法を適用して解くことができる．$x=x_k$ に対する関数の値の組 $y_{1k}, y_{2k}, \cdots, y_{nk}$ が決定されたときに，刻み幅 h だけ進んだ関数の値 $y_{1\,k+1}, y_{2\,k+1}, \cdots, y_{n\,k+1}$ はルンゲ-クッタ法では次式により表される．第 i 番目の関数に着目して表すと，

$$y_{i\,k+1} = y_{ik} + \frac{1}{6}(k_{1i} + 2k_{2i} + 2k_{3i} + k_{4i}) \tag{8.10}$$

$$k_{1i} = hf_i(x_k, y_{1k}, y_{2k}, \cdots, y_{nk})$$

$$k_{2i} = hf_i\left(x_k + \frac{h}{2}, y_{1k} + \frac{k_{11}}{2}, y_{2k} + \frac{k_{12}}{2}, \cdots, y_{nk} + \frac{k_{1n}}{2}\right)$$

$$k_{3i} = hf_i\left(x_k + \frac{h}{2}, y_{1k} + \frac{k_{21}}{2}, y_{2k} + \frac{k_{22}}{2}, \cdots, y_{nk} + \frac{k_{2n}}{2}\right)$$

$$k_{4i} = hf_i(x_k + h, y_{1k} + k_{31}, y_{2k} + k_{32}, \cdots, y_{nk} + k_{3k})$$

となる．計算においては

① $y_{1k}, y_{2k}, \cdots, y_{nk}$ から $f_1, f_2, \cdots, f_n$ に対する k_{11}，k_{12}，k_{1n} を決定する．

② $i=1, 2, \cdots, n$ に対して $k_{21}, k_{22}, \cdots, k_{2n}$ を決定する．

③ 同様に，$k_{31}, k_{32}, \cdots, k_{3n}$ と $k_{41}, k_{42}, \cdots, k_{4n}$ を決定する．

④ 式（8.10）から $y_{1\,k+1}, y_{2\,k+1}, \cdots, y_{n\,k+1}$ を決定する．

⑤ $y_{i\,k+1}$ を y_{ik}（$i=1, 2, \cdots, n$）に置き換えて①以降を繰り返す．

【例 8.7】 連鎖反応

$$\mathrm{A} \xrightarrow{k} \mathrm{B} \xrightarrow{k'} \mathrm{C}$$

が素反応であれば A，B，C の濃度を y_a，y_b，y_c，反応速度定数を k，k' として反応速度は

$$-\frac{dy_a}{dt} = ky_a, \qquad -\frac{dy_b}{dt} = -ky_a + k'y_b, \qquad \frac{dy_c}{dt} = k'y_c$$

と表される．初期条件を

$$t=0 \quad \text{のとき} \quad y_a=1\ \mathrm{mol/m^3},\ y_b=y_c=0\ \mathrm{mol/m^3}$$

および $k=0.02\ \mathrm{s^{-1}}$，$k'=0.03\ \mathrm{s^{-1}}$ として上記の連立微分方程式を $t=0\sim100\ \mathrm{s}$ の範囲で解き，A，B，C の濃度 y_a，y_b，y_c の時間変化を描け．なお，解析解は次式で表される．

$$y_a=e^{-kt} \tag{a}$$

$$y_b=\frac{ke^{-k't}(e^{(k'-k)t}-1)}{k'-k} \tag{b}$$

$$y_c=1-\frac{k'e^{-kt}}{k'-k}+\frac{ke^{-k't}}{k'-k} \tag{c}$$

【解】　図 8.5 に解析解から計算した y_a，y_b，y_c の時間変化を示す．成分 A の濃度は減少し，中間成分 B は初期に増大して極大値をとったのちに減少する．一方，C は単調に増加する．表 8.3 にはルンゲ-クッタ法により求めた y_a，y_b，y_c と解析解の相対誤差を分割数に対して示す．1 変数の常微分方程式と同じく，分割数におおよそ比例して計算の精度は高まる．また，y_a や y_b にくらべて y_c の精度が悪いのは，y_c が t とともに発散するためである．■

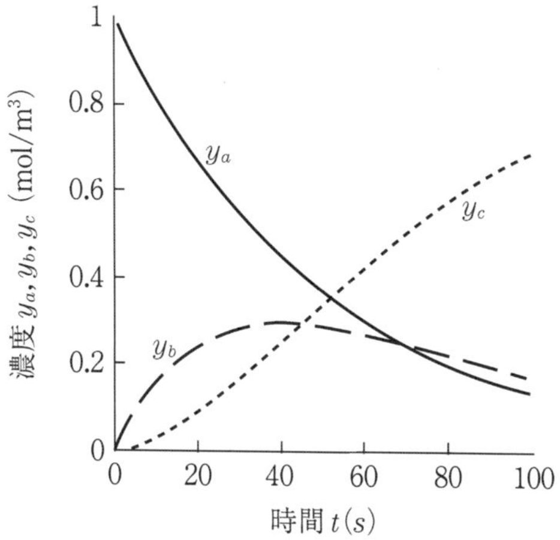

図 8.5　連鎖反応の濃度変化

表 8.3　ルンゲ-クッタ法による数値解と解析解との相対誤差

分割数 N	y_a	y_b	y_c
10	19.94	13.12	55.11
100	2	3.629	11.99
1000	0.1999	0.5995	1.76
10000	0.0199	0.0831	0.23

平均相対誤差 $=\dfrac{100}{n}\sum\left|\dfrac{\text{数値解}-\text{解析解}}{\text{解析解}}\right|$，ここで n はデータ数．

c. 2階常微分方程式の数値解法

定数を係数とする2階常微分方程式を扱う場合は多い．定数係数の2階常微分方程式の一般形

$$\frac{d^2y}{dx^2} = f(x, y, y') \tag{8.11}$$

は $y \to y_1$, $y' = dy_1/dx \to y_2$ と置き換えることにより

$$\frac{dy_1}{dx} = y_2 \tag{8.12}$$

$$\frac{dy_2}{dx} = f(x, y, y') \tag{8.13}$$

として1階の連立微分方程式に変換することができる．したがって，定数係数の2階常微分方程式は前述のルンゲ-クッタ法などの1階連立微分方程式の数値解法を用いて解くことができる．定数係数の n 階常微分方程式も同様に n 個の1階連立常微分方程式に変換して解くことができる．

【例 8.8】 図8.6のようにバネに吊るされた重りの運動（単振動）は次式によって表される．

$$M\frac{d^2x}{dt^2} = -kx \tag{a}$$

ここで，M は重りの質量，k はバネ定数である．1階連立微分方程式に変換し，数値解法によって解け．ただし，$k/M = 0.1\,\mathrm{s}^{-2}$ とし，初期条件として

$$t = 0 \quad \text{で} \quad x = 0$$

を用いよ．また，単振動の振幅を A とすると，単振動の端 $x = A$ では速度 $dx/dt = 0$ となることを利用せよ．さらに，$A = 0.1\,\mathrm{m}$ とせよ．

解析解は

$$x = A\sin\left(\frac{k}{M}\right)^{1/2} t \tag{b}$$

である．

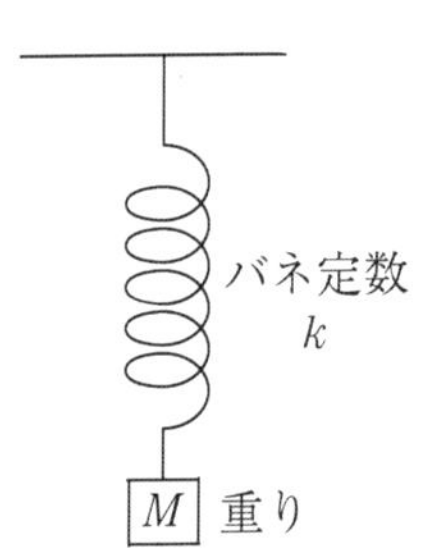

図 8.6　バネと重り

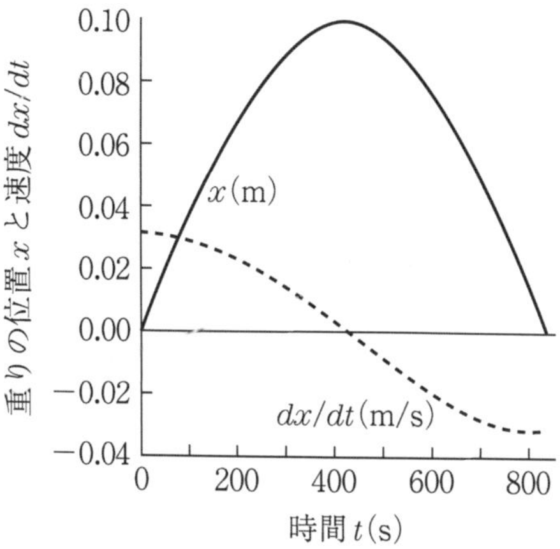

図8.7　重りの位置と速度

表8.4　ルンゲ-クッタ方法による単振動の数値解析 ($k/M=0.1\,\mathrm{s}^{-2}$, $A=0.1\,\mathrm{m}$)

分割数 N	x	dx/dt
10	140.1	55.49
100	33.04	9.708
1000	2.053	1.558
10000	0.2736	0.1953

$\left|\dfrac{\text{数値解}-\text{解析解}}{\text{解析解}}\right|\times 100\%$

【解】　$x \to y_1$, $dx/dt \to y_2$ の変換により

$$\frac{dy_1}{dt}=y_2 \tag{c}$$

$$\frac{dy_2}{dt}=-(k/M)\,y_1 \tag{d}$$

を得る．y_1, y_2 を決定するための条件は

$t=0$ で $y_1=0$,　および $y_1=A$ において $y_2=0$

となる．$t=0$ のときには y_2 の値が決定されていないので，この値を仮定して計算を $t=0$ から始めて，y_1 が最大値になったときにその値が A になるか否かを判断して，もし $y_1=A$ が満たされなければ y_2 の初期値を仮定し直して $y_1=A$ を満たすまで計算を進める．このようにして決定された半周期までの y_1 と y_2 を図 8.7 に示す．また，ルンゲ-クッタ法と解析解を比較した誤差を分割数に対して表 8.4 に示す．

分割数に比例して計算精度は向上し，$N=1{,}000$ でおおよそ 2% 程度の誤差を示す．■

演　習　問　題

8.1　球状防虫剤が昇華によって質量を失う速度は，そのときの防虫剤の表面積に比例する．最初の質量が 90 日間で半分になったとすると，半径が最初の値の半分になるのに何日必要か．

8.2　はじめにタンクに $10\,\mathrm{m}^3$ の塩水が入っており，その中には 5 kg の食塩が溶解している．そこに，食塩濃度 $0.1\,\mathrm{kg/m}^3$ の塩水を $0.8\,\mathrm{m}^3/\mathrm{hr}$ の速度で供給する．タンクは十分に撹拌されていて，$0.8\,\mathrm{m}^3/\mathrm{hr}$ の速度で塩水が流出しているとする．溶液の密度は与えられているものとして，次の問いに答えよ．

（1）　食塩に対する物質収支式を書け．

（2）　水に対する物質収支式を書け．

（3）　出口の食塩水濃度を時間の関数として表せ．

8.3　例 8.3 において反応速度が

$$r_A = -kC_A^{0.5}$$
$$= -kC_{A0}^{0.5}(1-x_A)^{0.5}$$

と表されるとして，IC を $t=0$ で $x_A=0$ とし，$x_A=0.5$ となるときの無次元時間 $(k/C_{A0}^{0.5})t$ の値を微分方程式の数値解法（オイラー法，テイラー法，ルンゲ-クッタ法）により求めて，解析解から求められる結果と比較せよ．

8.4　（連立微分方程式）

エチルアルコールが脱水されてオレフィンになる反応と脱水素されてアルデヒドになる反応が並発するとする．

$$\underset{a}{C_2H_5OH} \xrightarrow{k_1} \underset{b}{C_2H_4} + H_2O$$

$$C_2H_5OH \xrightarrow{k_2} \underset{c}{CH_3CHO} + H_2$$

反応速度は次式で与えられる．

$$db/dt = k_1(a_0-b-c)$$
$$dc/dt = k_2(a_0-b-c)$$

ただし，a_0 はアルコールの初期濃度，b，c はそれぞれエチレンとアルデヒドの濃度である．IC として $t=0$ で $b=c=0$ を用いて連立微分方程式を数値的に解き，$k_1/k_2=0.5$ のときには $t>0$ においていつも $b/c=k_1/k_2=0.5$ であることをどの程度の精度で示せるか解答せよ．

8.5　時間依存のないシュレーディンガーの波動方程式を x 方向の 1 次元に限定すると

$$\frac{d^2\Psi}{dx^2} = -\frac{8\pi m}{h^2}(E-U)\Psi$$

と表される．ここで，m は粒子の質量，h はプランク定数，E は粒子のもつエネルギー，U はポテンシャルエネルギー，Ψ は粒子の密度である．U として 1 次元の粒子に対する次式を与える．

$$0<x<a \quad \text{において} \quad U=0$$
$$x=0,\ x=a \quad \text{において} \quad U=\infty$$

このとき $x=0$，a において粒子は存在できないので，境界条件は次のように与えられる．

$$x=0 \quad \text{において} \quad \Psi=0$$
$$x=a \quad \text{において} \quad \Psi=0$$

1 次元の箱の中に閉じ込められた粒子に対する波動方程式は例 8.8 に示したバネの運動方程式と同じになることを利用して次の問いに答えよ．

（1）　2階常微分方程式である波動方程式を1階の連立微分方程式に変換せよ．

（2）　定常，1次元の波動方程式を上記の境界条件で解くための計算手順を流れ図に表せ．このとき Ψ は $\int_0^a \Psi^2 dx=1$ を満たすようにせよ．

（3）　流れ図に従って数値計算を行い，$x=n\pi/c^{1/2}$（ただし，$c=8\pi^2 mE/h^2$）において $\Psi=0$ が満たされることを $n=1, 2, 3$ の場合について示せ．また，計算精度を明らかにせよ．さらに，エネルギー E にはどのような条件が課せられるか．

9. 最　適　化　法

最適化法とは，等式あるいは不等式で表される制約条件のもとで，目的関数が最小（または最大）となるような変数の値を求める手法をいう．

制約条件としては，変数 x，y に関する1個または複数個の条件式で表される．

$$g_j(x, y) = 0 \tag{9.1}$$

このほか，次のように不等式で表される場合もある．

$$g_j(x, y) \geqq 0 \quad \text{または} \quad g_j(x, y) \leqq 0 \tag{9.2}$$

次に，目的関数を z で表すと，従属変数 z は独立変数 x，y に依存するので次式の形に表すことができる．

$$z = f(x, y) \tag{9.3}$$

目的関数は，独立変数の数を n 個とすると，z は $n+1$ 次元空間の曲面とみなすことができる．いま，式 (9.3) のように $n=2$ とすると，目的関数は図9.1に示す3次元空間内の曲面で表される．曲面上に複数の極大や極小があるときは(多峰性問題)，真の最適値とそうでない単なる極値とを区別しなければならない．

最適化法には数多くの数学的手法が提案されているが，ここでは，比較的簡単なラグランジュの未定乗数法（極値法），シンプレックス法（探索法），最大傾斜法（傾斜法）および線形計画法について述べる．

9.1 ラグランジュの未定乗数法

ラグランジュの未定乗数法は，統計力学のカノニカル分配関数の導出などにも使われる最適化法の極値法の1つである．

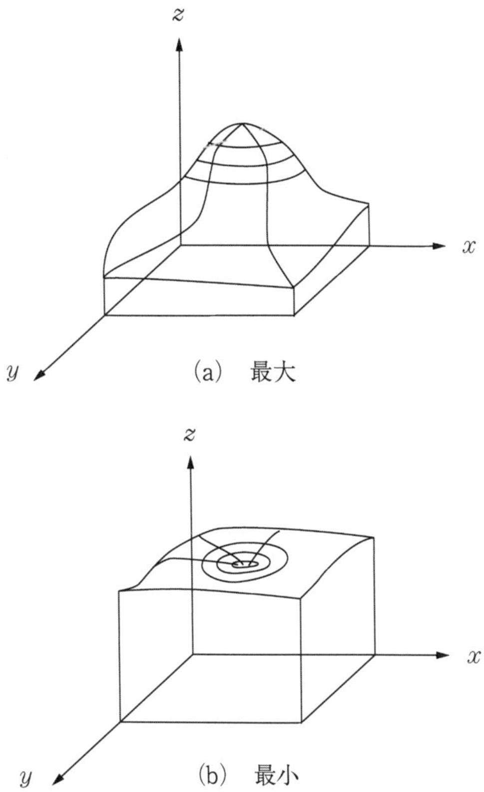

図 9.1　目的関数 z と独立変数 x, y との関係（2 変数の場合）

まず，以下の制約条件（等式）

$$g(x, y) = 0 \tag{9.4}$$

のもとで目的関数 z の極値を求めてみる．

$$z = f(x, y) \tag{9.5}$$

このとき，ラグランジュ乗数と呼ばれるパラメータ λ を導入して，ラグランジュ関数 $F(x, y, \lambda)$ を次のように導入する．

$$F(x, y, \lambda) = f(x, y) + \lambda g(x, y) \tag{9.6}$$

ここで λ は通常の変数のように取り扱う．このとき F を極値とする値 (x, y, λ) は，以下の必要条件式によって与えられる．また，条件 (9.4) より λ の値のいかんにかかわらず F は極値となる．

$$\frac{\partial F}{\partial x} = \frac{\partial f(x, y)}{\partial x} + \lambda \frac{\partial g(x, y)}{\partial x} = 0 \tag{9.7}$$

$$\frac{\partial F}{\partial y} = \frac{\partial f(x, y)}{\partial y} + \lambda \frac{\partial g(x, y)}{\partial y} = 0 \tag{9.8}$$

$$\frac{\partial F}{\partial \lambda} = g(x, y) = 0 \tag{9.9}$$

これらの式を，x，y，λ について解けば，極値を与える x，y が求まる．それを，式（9.5）に代入すれば z が計算できる．

【例 9.1】 次の制限条件

$$x+3y = 3 \tag{a}$$

のもとで以下に示す目的関数の最大値をラグランジュの未定乗数法で求めよ．

$$z = x^2+y^2-2x-4y+8 \tag{b}$$

【解】 式（a），（b）に対して，ラグランジュ関数は次式で与えられる．

$$F(x, y, \lambda) = x^2+y^2-2x-4y+8+\lambda(x+3y-3) \tag{c}$$

したがって，式（9.7）～（9.9）は次のようになる．

$$2x-2+\lambda = 0, \quad 2y-4+3\lambda = 0, \quad x+3y-3 = 0 \tag{d}$$

式（d）より，x，y を λ で表すと

$$x = 1-0.5\lambda, \quad y = 2-1.5\lambda \tag{e}$$

これを，式（c）に代入すると，F は λ の 2 次関数として表される．

$$\begin{aligned} F &= 0.25\lambda^2+2.25\lambda^2+3+\lambda(1-0.5\lambda+6-4.5\lambda-3) \\ &= -2.5\lambda^2+4\lambda+3 = -2.5(\lambda-0.8)^2+4.6 \end{aligned} \tag{f}$$

結局，$\lambda=0.8$ のとき F は最大値をもち，そのときの値は $x=0.6$，$y=0.8$ および $F=4.6$ となる．なお，式（d）を x，y，λ について解いても求めることができる．■

9.2　シンプレックス探索法

シンプレックスとは凸多面体などを意味する位相幾何学的な概念であるが，シンプレックス法とは n 次元空間の多角形（シンプレックス）の頂点を逐次探索する方法である．いま，$n=2$ で，図 9.2(a) 中の点 A が求める最適値だとする．初期値として与えた $n+1$ 個，すなわち 3 点（H, L, M）の中で関数値が最適値から最も遠い点（最不適）H を，H と残り（線分 ML）の重心 C とを結ぶ線上またはその延長上のより良い関数値を与える点 R へ移す．次に 3 点 L, M, R について同様な操作を繰り返しながら，順次全探索点を，最適値を与える点へ収束させようとする方法である．

2 次元を例にして説明すると，2 次元空間で 3 個の点を探索し，最も不適なも

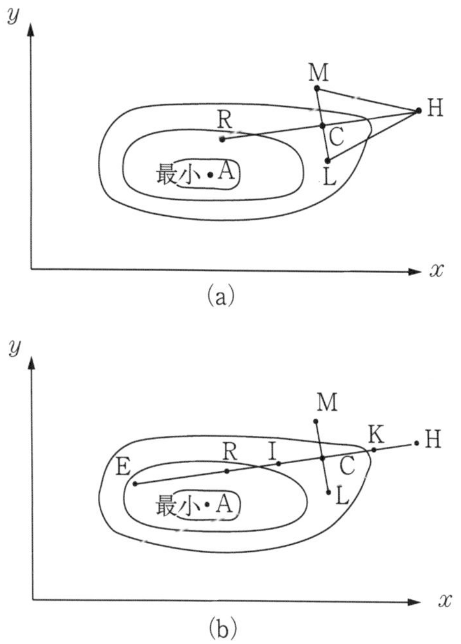

図 9.2　目的関数の等高線図（2 変数の場合）
(a) シンプレックス法，(b) 修正シンプレックス法

のを除いた平均値を x_C とする．

$$x_C = \frac{1}{2}\sum_{i=1, j\neq i}^{3} x_{ij} \tag{9.10}$$

次の探索点は x_C に対して最不適な x_h の対称点 x_r を選ぶのである．すなわち，次のようにする．

$$x_r = x_h + 2(x_C - x_h) \tag{9.11}$$

これより先に進むには最不適の点を捨てて，対称点を追加していく．このようにして最新の 2 個の情報をもとにして最適な解に近接していくのである．

実際的には，見込みのある方向にはステップを拡大して進行（加速）するのがよいといわれている．もし式 (9.11) で与えられる x_r が今までの探索点のうちで最良であれば，その方向に加速して探索する逐次シンプレックス法（ネルダー-ミードの加速法）が有効である．すなわち，図 9.2(b) を見て，3 個の頂点での目的関数の値を比較しながら，パラメータを最適値へと動かしていく操作からなり，この移動は式 (9.12)～(9.14) に示すように，x_rが最良であれば拡大（図 9.2 中，E 点），x_r が最悪であれば縮小（I 点），それ以外は折り返す（K 点）という 3 つの基本操作によって行われる．

$$x_e = -\gamma x_h + (1+\gamma)\, x_0, \qquad \gamma > 1 \tag{9.12}$$

$$x_i = -\beta x_h + (1+\beta)\, x_0, \qquad 0 < \beta < 1 \tag{9.13}$$

$$x_k = (1-\alpha)\, x_0 + \alpha x_h, \qquad \alpha > 0 \tag{9.14}$$

ここで，x_h は，1 つのシンプレックスで目的関数が最も不適な値をとる頂点，x_0 は h の頂点を除くすべての重心である．

【例 9.2】　次の目的関数の最小値をシンプレックス法で求めよ．

$$z = \frac{(x-2)^2}{4} + \frac{(y-1)^2}{1} \tag{a}$$

ただし，初期値は $x=1$，$y=1$ を用いよ．

【解】　題意の式（a）を図示すると図 9.3 のようになる．2 変数式であるのでシンプレックスは三角形となり，初期値のプラス，マイナス 10% の値を用いて三角形を作ってみる．

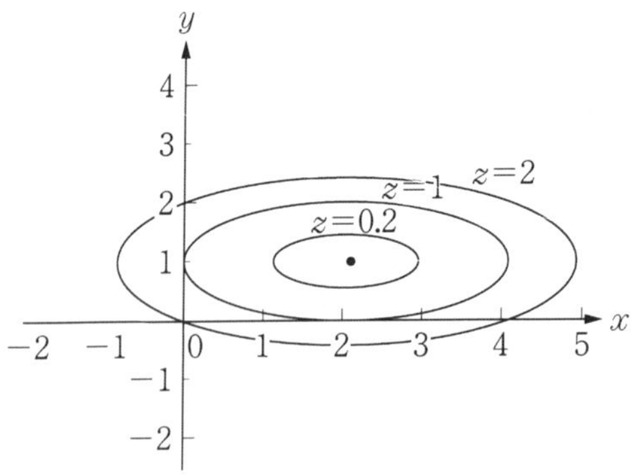

図 9.3　$z=(x-2)^2/4+(y-1)^2$ の等高線図

すなわち，1 回目は

A 点　$x_A = 1$　$y_A = 1$　$z_A = 1/4+0 = 0.25$

B 点　$x_B = 1.0$　$y_B = 0.9$　$z_B = 1.0^2/4+0.1^2/1 = 0.2600$

C 点　$x_C = 0.9$　$y_C = 0.9$　$z_C = 1.1^2/4+0.1^2/1 = 0.3125$

C 点が最不適であるので，D 点は A 点と B 点の重心 $x_D=1.00$，$y_D=0.95$ で，$z_D=0.2525$ となる．式（9.11）を用いると，E 点は

$$x_E = 0.9+2(1.00-0.9) = 1.1$$

$$y_E = 0.9+2(0.95-0.9) = 1.0$$

$$z_E = 0.2025$$

となり，E 点が最良になったので，拡大する．以下同様の計算を繰り返すと，結果的に $x=2.000$，$y=1.000$ のとき，最小値 $z=0.000$ が得られる．　■

【例 9.3】 表 9.1 のベンゼンの蒸気圧データを用いて，アントワン式（式 (a)）中の定数をシンプレックス法で求めよ．ただし，初期値は $\alpha=10$，$\beta=2{,}000$，$\delta=-50$ を用いよ．

表 9.1 ベンゼンの蒸気圧

T(K)	288.55	299.25	315.35	333.75	353.25
P(kPa)	7.998	13.33	26.66	53.32	101.3

【解】 アントワン式は次式で与えられる．

$$\ln P = \alpha - \frac{\beta}{T+\delta} \tag{a}$$

目的関数 F を蒸気圧の測定値と計算値の差の最小 2 乗和とする．

$$F = \sum_{i=1}^{n} (P_{\text{測定値}} - P_{\text{計算値}})_i^2 \tag{b}$$

式 (a) は 3 定数式であるので，シンプレックスは 3 次元である．いま，初期値のプラス，マイナス 10% の値によってシンプレックスを作ってみる．

すなわち，1 回目は

A 点 $\alpha_A = 10$ $\beta_A = 2{,}000$ $\delta_A = -50$ $F_A = 6{,}505.8$
B 点 $\alpha_B = 11$ $\beta_B = 1{,}800$ $\delta_B = -55$ $F_B = 5{,}444.7$
C 点 $\alpha_C = 9$ $\beta_C = 1{,}800$ $\delta_C = -45$ $F_C = 7{,}755.7$
D 点 $\alpha_D = 10$ $\beta_D = 2{,}000$ $\delta_D = -55$ $F_D = 7{,}194.9$

2 回目：次の探索点である E 点は，最も不適な C 点と A，B，D の重心より，式 (9.11) で求める．次に 3 次元空間でのシンプレックス（ABDE）について最も不適な点を求める．

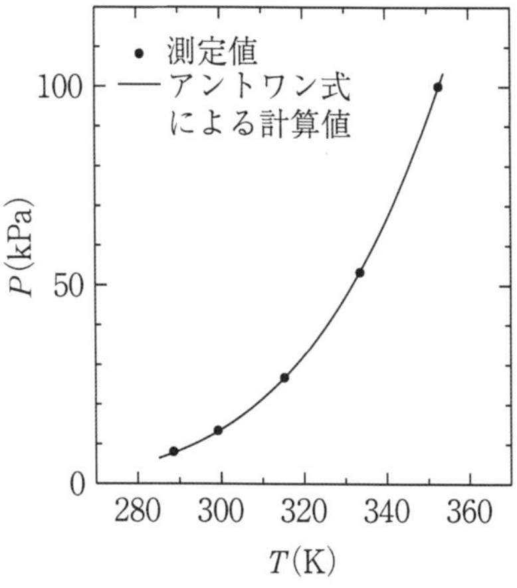

図 9.4 ベンゼンの蒸気圧と温度の関係

以下同様の計算を繰り返すと，結果的に次のアントワン定数が得られた．

$$\alpha = 12.8441, \quad \beta = 2{,}235.94, \quad \delta = -81.47$$

計算値を実測値とともに，図 9.4 に示す．

9.3 最 大 傾 斜 法

最大傾斜法とは，できるだけ早く最適値に近づくために傾斜（勾配）が最大となる方向を探しながら，すなわち目的関数の微分値を用いて最適値を見出す方法である．

次の 2 変数を含む目的関数を考えてみる．

$$z = f(x, y) \tag{9.15}$$

目的関数と 2 変数との関係は，図 9.5 のように目的関数の値が一定な 2 次元の等高線図を使って表すことができる．図中，任意の点 P から出発し，その最適値に向かうわけであるが，まず点 P での傾斜が最大の線 S を見つけるための計算式の導出を以下に示そう．

式（9.15）より，x，y の無限小変化に対して次式

$$dz = \left(\frac{\partial z}{\partial x}\right)_{\mathrm{P}} dx + \left(\frac{\partial z}{\partial y}\right)_{\mathrm{P}} dy \tag{9.16}$$

が成り立つので，点 P での等高線の接線方向を定める $dz/ds = 0$ となる角 θ_1 は次式で与えられる．

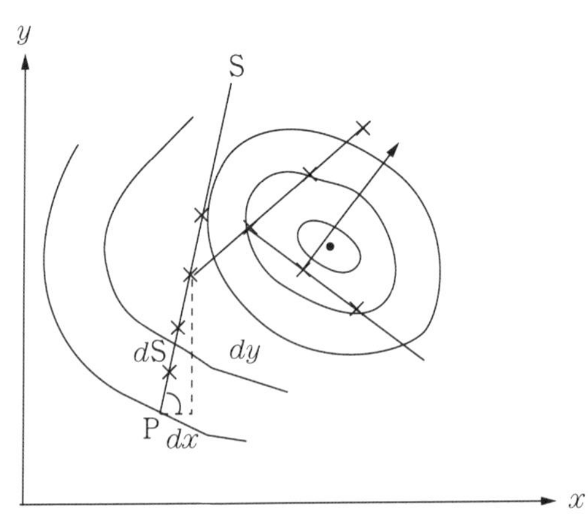

図 9.5　目的関数の等高線図（2 変数の場合）
直線 S が点 P での最大傾斜方向を示す

$$\tan\theta_1 = -\frac{\left(\dfrac{\partial z}{\partial x}\right)_{\mathrm{P}}}{\left(\dfrac{\partial z}{\partial y}\right)_{\mathrm{P}}} \tag{9.17}$$

等高線に沿って，実際に $dz/ds=0$ となる角度は 2 つあり，1 つは θ_1，もう 1 つは $\theta_1+\pi$ である．この 2 つの角のほぼ中間に dz/ds が最大または最小になる角度があるが，このような角度は次のように表される．

$$\tan\theta_2 = \frac{\left(\dfrac{\partial z}{\partial y}\right)_{\mathrm{P}}}{\left(\dfrac{\partial z}{\partial x}\right)_{\mathrm{P}}} \tag{9.18}$$

明らかに，$\tan\theta_1\tan\theta_2=-1$ であり，これは，x-y 面の 2 直線が直交する条件である．予測されたとおり，傾斜が最大になるのは点 P を通る等高線に垂直な方向である．したがって，$\cos\theta_2$ について解くと，

$$\cos\theta_2 = \pm\frac{\left(\dfrac{\partial z}{\partial x}\right)_{\mathrm{P}}}{\sqrt{\left(\dfrac{\partial z}{\partial x}\right)_{\mathrm{P}}^2+\left(\dfrac{\partial z}{\partial y}\right)_{\mathrm{P}}^2}} \tag{9.19}$$

ここで，＋と－の符号は，それぞれ，最大および最小を求める場合に対応している．この結果は n 次元の場合にも拡張され，目的関数 z と独立変数 x_j との角度 $\cos\theta_2$ を表す m_j を用いた次の形で表される．

$$m_j = \pm\frac{\dfrac{\partial z}{\partial x_j}}{\sqrt{\displaystyle\sum_{i=1}^{n}\left(\frac{\partial z}{\partial x_i}\right)^2}} \tag{9.20}$$

ここで，独立変数が 2 個の x，y の場合，分母は共通であるが，分子は $x_j=x$ のときは $\partial z/\partial x_j=\partial z/\partial x$ で，$x_j=y$ のとき $\partial z/\partial x_j=\partial z/\partial y$ となる．計算は，初期値における，m_x，m_y と目的関数をまず求めることから始まる．次に，勾配が最大あるいは最小になる線の方向に目的関数を計算しながら進む．目的関数が最適値の方向に進まなくなった点で，再度 m_x，m_y とを計算し，以下同様の計算を繰り返し，目的関数の変化が許容誤差内に入ったとき解とするのである．

【例 9.4】 次の目的関数の最小値を最大傾斜法で求めよ．

$$z = f(x, y) = 100(y-x^2)^2+(1-x)^2 \tag{a}$$

ただし，初期値は $x=3$，$y=2$ を用いよ．

【解】 計算に必要な z を x と y で偏微分すると，次式が得られる．

$$\frac{\partial z}{\partial x}=-400x(y-x^2)-2(1-x),\quad \frac{\partial z}{\partial y}=200(y-x^2) \tag{b}$$

初期値（出発点）$x=3$，$y=2$ を式（b）に代入すると，$\partial z/\partial x=8{,}404$，$\partial z/\partial y=-1{,}400$ が得られる．また，目的関数の値は，$z(3,2)=4{,}904$ である．

次に，目的関数の最小値を求める問題なので，m_j の計算式は次のようになる．

$$m_j=-\frac{\dfrac{\partial z}{\partial x_j}}{\sqrt{\left(\dfrac{\partial z}{\partial x}\right)^2+\left(\dfrac{\partial z}{\partial y}\right)^2}} \tag{c}$$

初期値における $\partial z/\partial x$ と $\partial z/\partial y$ を代入すると，$m_x=-0.9864$，$m_y=0.1643$ が得られる．図 9.5 に示すように，これらの値で定まる直線 S に沿って進むと，関数 z の値は変化する．1 回目を，直線 S 上に初期値である点 (3, 2) からの距離が 1 の点を取ると次のようになる．つまり，$x=3-0.9864=2.0136$，$y=2+0.1643=2.1643$ となり，$z^{(1)}=358.35$ となる．移動によって目的関数の値が減少したので，さらに距離が 1 の点に移動を継続すると次の結果が得られる．

$$z^{(2)}(1.0272, 2.3286)=162.17$$

同様の計算を繰り返すと，図 9.5 の直線 S 上の×印で示された点のように，z は極小値を通っていく．最小を与える点（この場合 $z(1.0272, 2.3286)$）で，もう一度傾斜を計算する．この傾斜が最大傾斜法の新しい出発方向を定義する．この点から，第 2 の極小が見つかるまでこの新しい最大傾斜線上を移動する．この手続きを曲面の最小点が見つかるまで繰り返すのである．結果的に得られた極値は，$x=1$，$y=1$ のとき，$z=0$ である．■

【例 9.5】 エタノール (1)＋水 (2) 系の活量係数データ（353.15 K）γ_i が表 9.2 に与えられている．これらのデータを用いて，活量係数と液相組成との関係を表す NRTL 式の定数を最大傾斜法で求めよ．目的関数は $\ln\gamma_i$ の実測値と計算値の差の 2 乗和である．ただし，第 3 パラメータ α_{12} は 0.3 とせよ．

表 9.2 エタノール＋水系の活量係数データ（353.15K）

No.	x_1	x_2	γ_1	γ_2
1	0.095	0.905	3.428	1.056
2	0.252	0.748	1.898	1.195
3	0.593	0.407	1.131	1.697
4	0.793	0.207	1.030	2.051

【解】 2 成分系中の成分 1 と 2 の活量係数は NRTL 式を用いると，次式で与えられる．

$$\ln\gamma_1=x_2^2\left[\tau_{21}\left(\frac{G_{21}}{x_1+x_2G_{21}}\right)^2+\frac{\tau_{12}G_{12}}{(x_2+x_1G_{12})^2}\right]$$

$$\ln \gamma_2 = x_1^2 \left[\tau_{12} \left(\frac{G_{12}}{x_1 G_{12} + x_2} \right)^2 + \frac{\tau_{21} G_{21}}{(x_2 G_{21} + x_1)^2} \right] \quad \text{(a)}$$

ただし

$$G_{12} = e^{-\alpha_{12}\tau_{12}}, \qquad G_{21} = e^{-\alpha_{12}\tau_{21}}$$

目的関数 F を活量係数の測定値の対数値と計算値の対数値の差の 2 乗和とすると，

$$F = \sum_{i=1}^{4} (\ln \gamma_{1,\text{測定値}} - \ln \gamma_{1,\text{計算値}})^2 + \sum_{i=1}^{4} (\ln \gamma_{2,\text{測定値}} - \ln \gamma_{2,\text{計算値}})^2 \quad \text{(b)}$$

なお，この場合の独立変数は τ_{12} と τ_{21} である．ここで，初期値は，$\tau_{12}=1$，$\tau_{21}=1$ とする．

最大傾斜法で計算した結果，$\tau_{12}=-0.2176$，$\tau_{21}=2.0432$ で収束した．τ_{12}，τ_{21} と目的関数各値の途中経過を表 9.3 に，また目的関数の値が等しい τ_{12}，τ_{21} の関係を表す等高線を図 9.6 に示す． ■

表 9.3 最大傾斜法による計算結果

	τ_{12}	τ_{21}	目的関数
1 回目（初期値）	1.0	1.0	0.2837
2 回目	0.9445	0.9815	0.2271
3 回目	0.8889	0.9629	0.1776
…			
収　束	− 0.2176	2.0432	0.0027

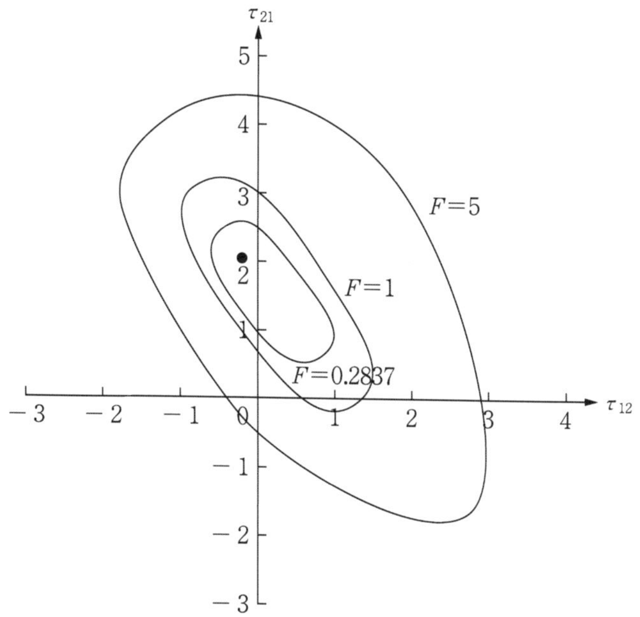

図 9.6 NRTL 式中の定数決定に関する目的関数の等高線図

9.4 線 形 計 画 法

線形計画法とは，制約条件が線形の不等式で与えられたときに，線形の目的関数を最大または最小にするような非負の変数の値を決定する最適化法である．最大計画，最小計画などの解法に使われ，工場などにおける限られた製造量の割当てや配分を決定する問題は最大計画で，原料の混合に関する問題は最小計画で解くことができる．

最大計画：　制約条件が次式

$$3x_1+4x_2 \leqq 48$$
$$x_1+3x_2 \leqq 21 \tag{9.21}$$

で与えられ，次の目的関数が最大になるときの変数を求めてみる．

$$z = x_1+2x_2 \tag{9.22}$$

図 9.7 を参照して，$x_1>0$，$x_2>0$ で，$3x_1+4x_2 \leqq 48$，$x_1+3x_2 \leqq 21$ を満足する領域は図中の凸多角形 OACB 内となる．一方，目的関数は z を変えると平行線群となるが，z が最大となる点は C であり，このとき $x_1=12$，$x_2=3$ で，$z=18$ となる．

最小計画：　制約条件が次式

$$x_1+x_2+3x_3 \geqq 1$$

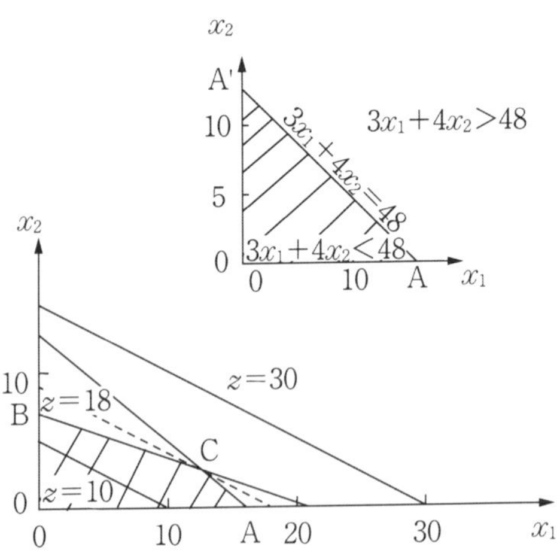

図 9.7　線形計画(最大)の図式解法（2 変数の場合）

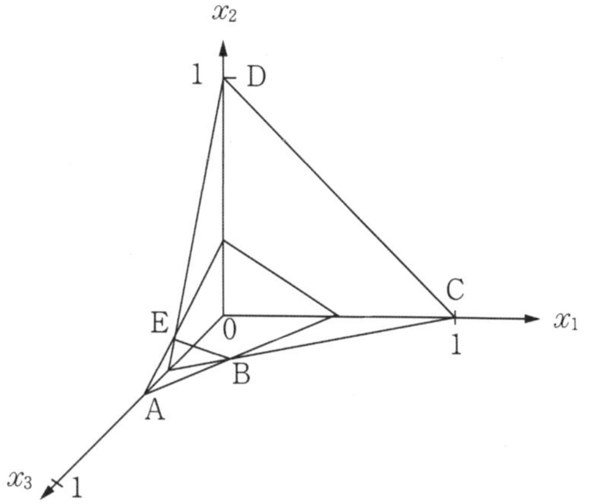

図 9.8 線形計画(最小)の解法(3変数の場合)

表 9.4 最適な解の探索

点	x_1	x_2	x_3	z
A	0	0	0.5	24
B	0.4	0	0.2	18
C	1	0	0	21
D	0	1	0	36
E	0	1/7	2/7	18.86

$$3x_1+6x_2+4x_3 \geqq 2 \tag{9.23}$$

で与えられ，次の目的関数が最小になるときの変数を求めてみる．

$$z = 21x_1+36x_2+48x_3 \tag{9.24}$$

この場合，制約条件は3次元空間の平面の原点を含まない方の側を表す．条件式 (9.23) は，図9.8のように開いた多角形 ABCDE になる．

さて，最適な解は頂点のどれかに一致するから，そこでの z の値を計算すると，表9.4のようになる．そこで最適な解は $x_1=0.4$，$x_2=0$，$x_3=0.2$ で目的関数の最小値は $z=18$ となる．図9.8中の点Bが最適な解に相当する．

【例 9.6】 製品IとIIを原料A，B，Cを用いて製造する際に，原料の使用可能な量が決められている．利益を最大にする製品の製造量を求めてみよう．

製品IとIIで単位量（1 kg）を生産するのに必要な原料A，B，Cの所要量（原単位）はそれぞれ表9.5のとおりであり，制約条件としてそれらは 18 kg，11 kg，63 kg を超えることができない．利益は製品I，IIの1 kgにつき，それぞれ4万円,3万円で

表 9.5 製品中の原単位(kg)および利益(万円)

原料	I	II	制約条件
A	2	1	18
B	1	1	11
C	3	7	63
利益	4	3	
	x_1	x_2	最大

ある．そこで，利益を最大にする製造量を図解法で求めよ．

【解】 I，II の製造計画量をそれぞれ x_1(kg/日)，x_2(kg/日) とすると，制約条件は次の通りである．

$$\begin{aligned} 2x_1+x_2 &\leqq 18 \\ x_1+x_2 &\leqq 11 \\ 3x_1+7x_2 &\leqq 63 \end{aligned} \tag{a}$$

目的関数は次式で示される．

$$z = 4x_1+3x_2 \tag{b}$$

制約条件式の第 1 式

$$2x_1+x_2 \leqq 18$$

について，等式は x_1-x_2 平面上で直線を表すが，上式はその下側の領域を表している．同様に考えると，他の 2 式の表す領域は図 9.9 の斜線の領域（多角形 ABCDO）である．その内部の点 (x_1, x_2) が解の存在域である．

目的関数は z の値を変えると破線のように平行に移動する．z が増えるほど，原点より遠ざかる．そこで目的関数を最大にする解は点 B で，その座標から，$x_1=7$，$x_2=4$

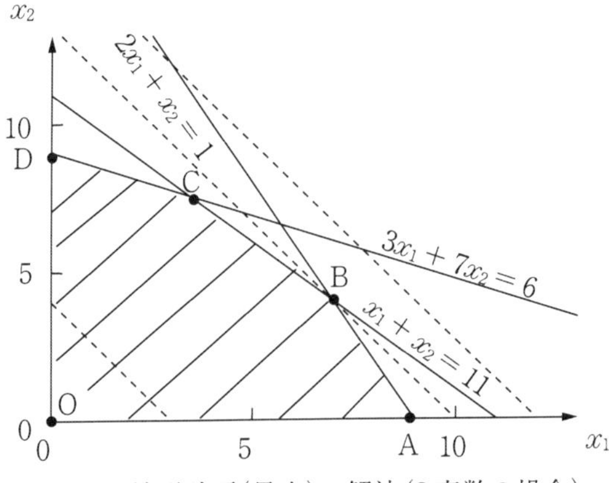

図 9.9 線形計画(最小)の解法(2 変数の場合)

で，このとき $z=40$ となり，この値が最大である．

変数が3つ以上の場合には図式解法を使うことが困難であるが，ダンチッヒのシンプレックス法などが使われる．■

演　習　問　題

9.1　次の制限条件のもとで

$$x-2y=2$$

次の目的関数の最大値をラグランジュの未定乗数法で求めよ．

$$z=x^2-y^2+2x+2y-4$$

9.2　目的関数 $z=9-(x-1)^2-(y-2)^2$ につき，制約条件 $x+y-5=0$ として z を極大とする x，y の値をラグランジュの未定乗数法で求めよ．

9.3　次の2-アミノエタノールの蒸気圧データを用いて，アントワン定数をシンプレックス法で求めよ．

T(K)	439.69	426.17	409.40	383.06	369.07
P(kPa)	90.71	57.71	31.32	10.46	5.45

9.4　メタノール (1)＋水 (2) 系の 323.15 K における全圧データ (P-x_1) は次の通りである．

x_1(モル分率)	0.247	0.403	0.531	0.614	0.773
P(kPa)	29.12	35.32	39.34	42.05	47.33

これらのデータを用いて，NRTL 式中の定数をシンプレックス法で求めよ．目的関数は全圧の実測値と計算値の差の2乗和である．ただし，323.15 K におけるメタノールと水の蒸気圧は 55.56 kPa，12.36 kPa，第3パラメータは $\alpha=0.3$ とせよ．

9.5　上記演習問題 9.4 を最大傾斜法で求めよ．

9.6　次の線形計画問題を図解法で求めよ．

制約条件：$x_1+2x_2 \geqq 4$

$x_1+x_2 \geqq 3$

以下の目的関数を最小にしたい．

$$z=2x_1+x_2$$

10. 数値計算とそのプログラム化

前章までに述べられた数値計算の原理を理解した後に，具体的に数値計算の問題を解く場合には，コンピュータを用いて計算するのが便利である．このとき，計算の手順を計算プログラムとして書き上げなければならない．そのためには，プログラミング言語を決定し，その使い方を習得しておかなければならない．本章では，数値計算をコンピュータによって行う際に必要になる基礎事項についてまとめる．最近では，プログラミング言語として Excel-VBA を利用する機会が多いので，以下の説明も Excel-VBA によるプログラミングを想定して進めるが，ほとんどの内容は他の言語であっても共通に利用できる．

10.1 数値計算と計算誤差

a. 実数と整数

コンピュータによって数値を扱うときには，実数（小数点をもつ数）と整数（小数点をもたない数）を区別して扱う必要がある．整数と実数のいずれの範囲で計算するかによって結果が大きく違うことがあるからである．例えば，$2\div 3$ を整数の範囲で計算するようにプログラムを作ると，小数点以下の値は切り捨てられて結果の値は 0 となる．一方，実数の範囲で計算すると $0.666\cdots$ となって，まったく異なった結果になる．したがって，数値演算をプログラミングする際には，実数と整数のいずれの範囲で計算するか留意しなければならない．

さらに，実数を扱うときには計算の有効数字を意識しなければならない．例えば，2 数の和 $x+y$ は整数の計算では正確に整数 $x+y$ になるが，実数の計算では有効数字を超える 1 桁を四捨五入して x になる数と y になる数 2 つを加え，その結果の数も四捨五入して作られる．したがって，結果の数は整数 $x+y$ より大きくなる場合もあるし，また小さくなる場合もある．例をあげよう．1を2分割して得られる0.5を2回加えて元の数1を得る計算を考える．有効数字3桁の実数計算を行うとする．第一の計算手順は，

（1） 1.00を2.00で割った結果を変数xに代入する．

（2） xを2回加えて結果とする．

の順に計算を進める方法であり，答として1.00を得ることができる．ところが，第二の計算手順として，上記の (2) 以降を以下の (2)，(3) のように変更したとする．

（2） xにxを加える．

（3） xが1.00を超えたら加えるのをやめて，それまで加算した値を結果とする．xが1.00を超えていなければ (2) に戻って計算を続ける．

この場合には0.5に0.5を加えたときに首尾よく1.00を超えていればその時点で計算は終了するが，0.9998などのように四捨五入すると1.00になるが1より小さい値をもつと再び加算を始めて，1.50という結果を得ることになる．

b. 単精度計算と倍精度計算

コンピュータによって実数の四則演算のような数値計算を行うときには，計算の精度を指定することができる．実数に対してコンピュータの1語 (4 byte) を割り当てて7桁で計算する単精度計算と2語 (8 byte) を割り当てて14桁で計算する倍精度計算の2通りの計算精度が選択できる．

c. 計 算 誤 差

数値微分公式や数値積分公式を使って微分係数や定積分を数値計算によって求めるときにはいくつかの計算誤差が含まれることに留意しなければならない．第一の誤差は表7.3のD_1，D_2，D_3や表7.7のI_1，I_2，I_3，I_4，I_5のように近似法自体がもつ誤差である．近似法により得た値と真値との違いは近似法において高次の項を無視することにより生ずるので「打切り誤差」と呼ばれる．打切り誤差の典型的な例は7章の表7.9に示されている．定積分の計算において高次の項を組み入れたシンプソン則は$h=1/4$で有効数字5桁まで正しい値に等しい．ところが，近似の精度が低い矩形則では$h=1/2^7$まで分割しても正しい値には遠い．

第二の誤差は近接した値をもつ 2 数を引くと有効数字が減り，相対誤差が大きくなる「桁落ち」と呼ばれる計算誤差である．桁落ちの例は 7 章の表 7.4 に示された数値微分の結果に現れている．$x=0.001$ における単精度計算による微分係数の相対誤差は，増分 h の減少とともにいったん減少し，その後に桁落ちが生じて増大に転じている．その誤差は増分 h が小さくなるほど著しくなる．この桁落ちの誤差は表 7.4 の倍精度計算においてもみられる．

第三の誤差は単精度計算と倍精度計算で現れる違いのように，有効桁を超える部分を切り捨てたために生ずる誤差であり，「丸め誤差」と呼ばれる．丸め誤差の例は表 7.4 に示されている．$x=0.001$ における数値微分の相対誤差は，$h=10^{-10}$ における D_2 の近似計算では単精度と倍精度で 10^8 倍も違っている．この原因は，$h=10^{-10}$ のときには単精度計算において著しい桁落ちが生じるが，倍精度計算では有効数字の桁数が多いので桁落ちの影響が小さいことによる．以下の例題では，数値入力の際に有効桁を超える部分を切り捨てたために生じる誤差の影響を扱う．

【例 10.1】 $x=1.1$，1.2，1.3，1.4，1.5 を入力して，$f(x)=1/(1-x)$ を計算する．このとき，入力データに $\varDelta x=0.01$ の最大絶対誤差があるとき，$f(x)$ の最大相対誤差をすべての x について計算せよ．

【解】 微分可能な関数 $f(x_1, x_2, \cdots, x_n)$ の最大絶対誤差は誤差伝播の法則から，次式で見積もることができる．

$$\varDelta\varepsilon_f \cong \sum_{i=1}^{n}\left|\left(\frac{\partial f}{\partial x_i}\right)\varDelta\varepsilon_{xi}\right| \tag{a}$$

この例では，$\partial f/\partial x=1/(1-x)^2$ および $\varDelta\varepsilon_x=0.01$ であるから，これらを代入して表 10.1 を得る．つまり，x の相対誤差は 1% に満たないが，x の値が 1 に近い場合には $1-x$ に対する桁落ちが著しくなり，$f(x)$ の相対誤差は 10% にも達する． ■

表 10.1 入力データの誤差の影響

x	x の相対誤差（%）	f	f'	$\varDelta\varepsilon_f$	f の相対誤差（%）
1.1	0.91	− 10	100	1	10.00
1.2	0.83	− 5	25	0.25	5.00
1.3	0.77	− 3.3333	11.111	0.1111	3.33
1.4	0.71	− 2.5	6.25	0.0625	2.50
1.5	0.67	− 2.0	4.0	0.0400	2.00

10.2　計算プログラム作成の手順

数値計算では計算手順が複雑になってくると，最初に作成する作業手順の良し悪しが全体の作業効率に大きく影響する．そこで，数値計算における計算プログラム作成の手順を以下に示す．

（1）　問題を正しく認識する．

（2）　計算の手順（アルゴリズム）を決める．

（3）　計算手順を流れ図（フローチャート）に表す．

（4）　流れ図に従って適当な言語によりプログラムを記述する．

（5）　コンパイルして文法の間違いを除く．

（6）　プログラムを実行する．

解くべき問題を正しく認識しないと目標に到達できないのは当然である．問題解決のためにふさわしいアルゴリズム（計算手順）を決定するには数値計算の経験が必要になる．判断，繰返し，関数，配列などの基礎的な計算手順を含んだ例題を一定量こなす必要がある．この訓練は計算プログラム作成の基礎力を養うために避けることができない過程である．流れ図は計算手順をわかりやすくするために図化したものである．コンパイルはコンピュータが理解できる唯一の言語，すなわち，機械語への翻訳を主に意味する．Excel-VBA ではプログラムを保存するときに翻訳されて文法チェックが行われるが，VBA の原型である BASIC では (5) のコンパイルは行わない．その代り，プログラムを実行すると行ごとに翻訳・文法チェック・実行の作業が行われる．(6) で実行と単純に書いたが，期待した答が得られない場合にはアルゴリズムや流れ図を見直して，(2) の計算手順を組み直すところへ戻って作業を続けるのが普通の手順になる．とくに，複雑な計算手順になると正しい計算手順と流れ図の決定のために大半の作業時間を費やすことになる．その意味でアルゴリズムの決定は問題解決にとって最も重要な過程となる．

10.3 流れ図とプログラムの書き方

流れ図は第三者が見ても計算の手順がわかるように書くのが望ましい．また，アルゴリズムの1つの計算手順を流れ図の1つの記号に対応させると流れ図は複雑になるが，簡単な問題を扱う初心者にはアルゴリズムと流れ図が1対1に対応している方が理解しやすい．流れ図に用いる記号は日本工業規格に定められているが，共通に理解できる記号であれば用いる価値がある．

数値計算に用いられる言語には，FORTRAN，C, BASIC, Excel-VBA, perl などが挙げられる．FORTRAN は数値計算機能が最も充実している．C は文字処理や描図の機能も優れていて数値計算を含む多目的プログラミングに向いている．BASIC は描図の機能が勝っている．Excel-VBA は入出力が Excel と一体となっているので表計算・描図の作業に進みやすい特長がある．perl は計算プログラムを CGI（common gateway interface）に組み入れてインターネット上で動作させるのに向いていて，文字処理機能も充実している．ただし，コンピュータが発達した現在では計算速度の面から見ると言語の違いによる影響は小さい．

利用する言語が決まっているとして，流れ図にそって計算プログラムを書き上げるときの注意を以下にまとめる．

（1） 数値計算になれていないうちは凝ったプログラムよりわかりやすいプログラムを作るのがよい．

（2） プログラムのまとまりごとに注釈文を入れる．

（3） 判断や繰返しなどを示すために，タブや空白を使って文頭をそろえる．

（4） 変数名や関数名はそれをみて内容がわかるように，具体的な名前をつける．

（5） 読み込んだデータは出力するようにしておく．また，重要な計算結果は出力するようにする．

プログラムを作成・入力したのちにコンパイルにより文法の間違いを除く（デバグと呼ぶ）．その後にプログラムを実行することになる．実行の結果が思わしくないときには，その原因を追求して計算の手順を改善する作業に入るわけであるが，正しいと思ってプログラムを作成しているので，プログラムをいくら見つめても誤りを発見できない場合が多い．間違いを見出すコツは，計算結果を逐一出力して，1つ1つ計算の過程を確認していくことである．

10.4 例に対する計算の流れ図

数値計算の流れ図の例を7章と8章の例に対して以下に示す．これらの流れ図の見方を以下にまとめる．

（1） 流れ図に基づく計算は「始め」で始まり，「終わり」で終了する．

（2） 変数の宣言などの宣言文は流れ図には書かず，実行部分のみを表現する．

（3） 1つの命令ごとに四角やひし形などの枠で囲む．

（4） プログラムでは1つの命令の実行が終わると次の行に書かれている命令に実行が移っていくが，流れ図では枠の間に矢印を書いて実行の移動を表す．

（5） 枠内の左向きの矢印で変数に数値を代入することを表す．

（6） 判断を表すときには判断条件をひし形で囲む．

（7） 繰返し計算を流れ図で表すためには，四角枠を縦に2分割し，さらに左半分を上下に2分割して，左上に繰返しの制御変数の初期の値を代入する．右半分には繰返しの間に制御変数に許される条件を書き，左下には繰返すごとに実行される制御変数の増分を表す．

プログラムの例として，図10.1に示されるシンプソン則による定積分の計算のためのExcel-VBAのプログラムを以下に示す．積分の上限bをb−0.001と修正してあるのは制御変数の値xがbに達したときに確実に繰返し計算を終了させるための技巧である．この修正を行わないとbとb+hに挟まれた微小幅に対する面積が加わった定積分の値が得られる．

```
Sub Simpson()
Dim a As Double, b As Double, h As Double
Dim x As Double, M As Double
Dim S As Double, delS As Double
    a = 0
```

```
    b = 1
    h = (b−a)/4
For x = a To b−0.001 Step h
    M = x+h / 2
    delS = h * (Exp(−x^2)+4 * Exp(−M^2)+Exp(−(x+h)^2))/6
    S = S+delS
Next x
    Cells(2, 1).Value = S
End Sub
```

図 10.1 には例 7.7 のシンプソン則による計算の流れ図を示す．また，図 10.2 には例 7.8 に対する計算の流れ図を示す．反応熱を求める部分はサブプログラムとしてまとめておくと便利である．さらに，図 10.3 には例 8.5 のオイラー法による計算の流れ図を示す．

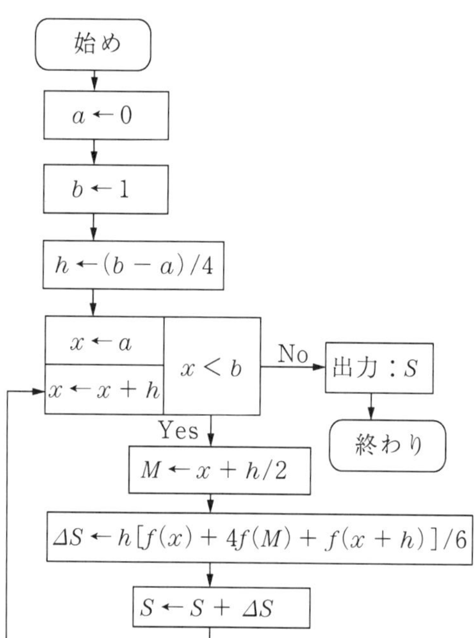

図 10.1　シンプソン則による数値積分のための計算手順の流れ図（関数 $f(x)$ はこの例題では e^{-x^2} を表す）

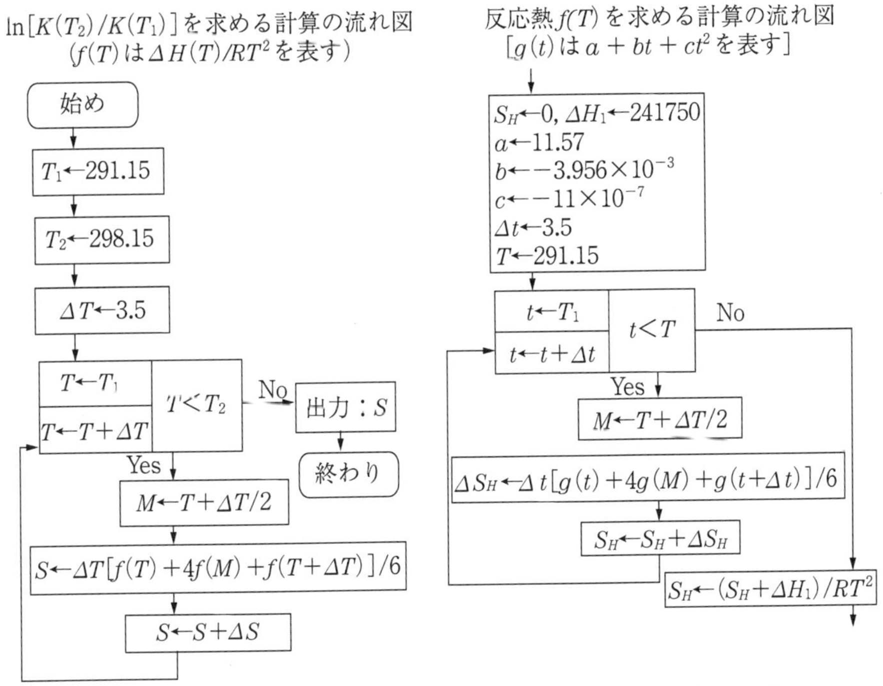

図 10.2 $\ln[K(T_2)/K(T_1)]$を計算するための流れ図（例 7.8）

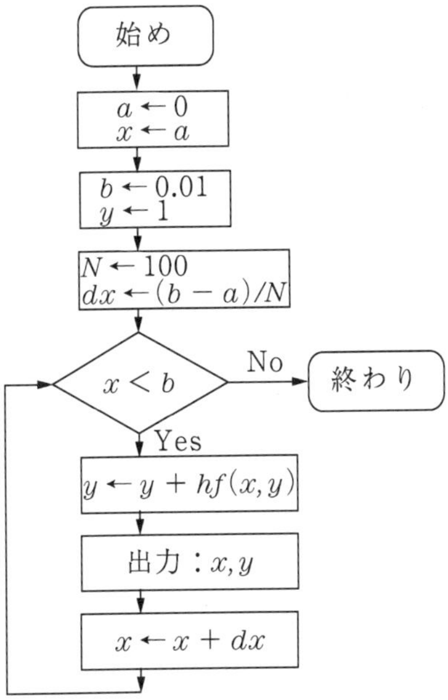

図 10.3 オイラー法の計算の流れ図（8.3節参照）

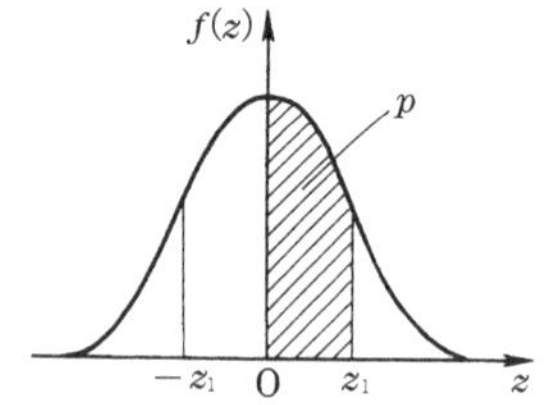

付表1　標準正規分布表

$p(0 \leqq z \leqq z_1)$

z_1	0.00	0.01	0.02	0.03	0.04	0.05	0.06	0.07	0.08	0.09
0.0	0.0000	0.0040	0.0080	0.0120	0.0160	0.0199	0.0239	0.0279	0.0319	0.0359
0.1	0.0398	0.0438	0.0478	0.0517	0.0557	0.0596	0.0636	0.0675	0.0714	0.0753
0.2	0.0793	0.0832	0.0871	0.0910	0.0948	0.0987	0.1026	0.1064	0.1103	0.1141
0.3	0.1179	0.1217	0.1255	0.1293	0.1331	0.1368	0.1406	0.1443	0.1480	0.1517
0.4	0.1554	0.1591	0.1628	0.1664	0.1700	0.1736	0.1772	0.1808	0.1844	0.1879
0.5	0.1915	0.1950	0.1985	0.2019	0.2054	0.2088	0.2123	0.2157	0.2190	0.2224
0.6	0.2257	0.2291	0.2324	0.2357	0.2389	0.2422	0.2454	0.2486	0.2517	0.2549
0.7	0.2580	0.2611	0.2642	0.2673	0.2704	0.2734	0.2764	0.2794	0.2823	0.2852
0.8	0.2881	0.2910	0.2939	0.2967	0.2995	0.3023	0.3051	0.3078	0.3106	0.3133
0.9	0.3159	0.3186	0.3212	0.3238	0.3264	0.3289	0.3315	0.3340	0.3365	0.3389
1.0	0.3413	0.3438	0.3461	0.3485	0.3508	0.3531	0.3554	0.3577	0.3599	0.3621
1.1	0.3643	0.3665	0.3686	0.3708	0.3729	0.3749	0.3770	0.3790	0.3810	0.3830
1.2	0.3849	0.3869	0.3888	0.3907	0.3925	0.3944	0.3962	0.3980	0.3997	0.4015
1.3	0.4032	0.4049	0.4066	0.4082	0.4099	0.4115	0.4131	0.4147	0.4162	0.4177
1.4	0.4192	0.4207	0.4222	0.4236	0.4251	0.4265	0.4279	0.4292	0.4306	0.4319
1.5	0.4332	0.4345	0.4357	0.4370	0.4382	0.4394	0.4406	0.4418	0.4429	0.4441
1.6	0.4452	0.4463	0.4474	0.4484	0.4495	0.4505	0.4515	0.4525	0.4535	0.4545
1.7	0.4554	0.4564	0.4573	0.4582	0.4591	0.4599	0.4608	0.4616	0.4625	0.4633
1.8	0.4641	0.4649	0.4656	0.4664	0.4671	0.4678	0.4686	0.4693	0.4699	0.4706
1.9	0.4713	0.4719	0.4726	0.4732	0.4738	0.4744	0.4750	0.4756	0.4761	0.4767
2.0	0.4772	0.4778	0.4783	0.4788	0.4793	0.4798	0.4803	0.4808	0.4812	0.4817
2.1	0.4821	0.4826	0.4830	0.4834	0.4838	0.4842	0.4846	0.4850	0.4854	0.4857
2.2	0.4861	0.4864	0.4868	0.4871	0.4875	0.4878	0.4881	0.4884	0.4887	0.4890
2.3	0.4893	0.4896	0.4898	0.4901	0.4904	0.4906	0.4909	0.4911	0.4913	0.4916
2.4	0.4918	0.4920	0.4922	0.4925	0.4927	0.4929	0.4931	0.4932	0.4934	0.4936
2.5	0.4938	0.4940	0.4941	0.4943	0.4945	0.4946	0.4948	0.4949	0.4951	0.4952
2.6	0.49534	0.49547	0.49560	0.49573	0.49585	0.49597	0.49609	0.49621	0.49632	0.49643
2.7	0.49653	0.49664	0.49674	0.49683	0.49693	0.49702	0.49711	0.49722	0.49728	0.49736
2.8	0.49744	0.49752	0.49760	0.49767	0.49774	0.49781	0.49788	0.49795	0.49801	0.49807
2.9	0.49813	0.49819	0.49825	0.49831	0.49836	0.49841	0.49846	0.49851	0.49855	0.49860
3.0	0.49865	0.49869	0.49873	0.49878	0.49882	0.49886	0.49889	0.49893	0.49897	0.49900

$p(-z_1 \leqq z \leqq z_1) = 2p(0 \leqq z \leqq z_1)$,　$p(-\infty \leqq z \leqq +\infty) = 1$

付表 2　t 分布表

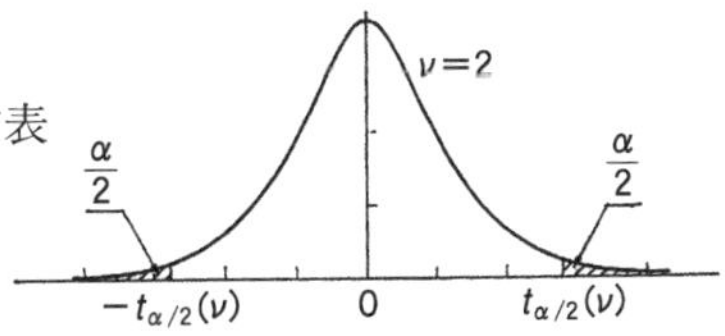

ν \ $\alpha/2$ (α)	.250 (.500)	.200 (.400)	.150 (.300)	.100 (.200)	.050 (.100)	.025 (.050)	.010 (.020)	.005 (.010)	.0005 (.0010)
1	1.000	1.376	1.963	3.078	6.314	12.706	31.821	63.657	636.619
2	.816	1.061	1.386	1.886	2.920	4.303	6.965	9.925	31.599
3	.765	.978	1.250	1.638	2.353	3.182	4.541	5.841	12.924
4	.741	.941	1.190	1.533	2.132	2.776	3.747	4.604	8.610
5	.727	.920	1.156	1.476	2.015	2.571	3.365	4.032	6.869
6	.718	.906	1.134	1.440	1.943	2.447	3.143	3.707	5.959
7	.711	.896	1.119	1.415	1.895	2.365	2.998	3.499	5.408
8	.706	.889	1.108	1.397	1.860	2.306	2.896	3.355	5.041
9	.703	.883	1.100	1.383	1.833	2.262	2.821	3.250	4.781
10	.700	.879	1.093	1.372	1.812	2.228	2.764	3.169	4.587
11	.697	.876	1.088	1.363	1.796	2.201	2.718	3.106	4.437
12	.695	.873	1.083	1.356	1.782	2.179	2.681	3.055	4.318
13	.694	.870	1.079	1.350	1.771	2.160	2.650	3.012	4.221
14	.692	.868	1.076	1.345	1.761	2.145	2.624	2.977	4.140
15	.691	.866	1.074	1.341	1.753	2.131	2.602	2.947	4.073
16	.690	.865	1.071	1.337	1.746	2.120	2.583	2.921	4.015
17	.689	.863	1.069	1.333	1.740	2.110	2.567	2.898	3.965
18	.688	.862	1.067	1.330	1.734	2.101	2.552	2.878	3.922
19	.688	.861	1.066	1.328	1.729	2.093	2.539	2.861	3.883
20	.687	.860	1.064	1.325	1.725	2.086	2.528	2.845	3.850
21	.686	.859	1.063	1.323	1.721	2.080	2.518	2.831	3.819
22	.686	.858	1.061	1.321	1.717	2.074	2.508	2.819	3.792
23	.685	.858	1.060	1.319	1.714	2.069	2.500	2.807	3.768
24	.685	.857	1.059	1.318	1.711	2.064	2.492	2.797	3.745
25	.684	.856	1.058	1.316	1.708	2.060	2.485	2.787	3.725
26	.684	.856	1.058	1.315	1.706	2.056	2.479	2.779	3.707
27	.684	.855	1.057	1.314	1.703	2.052	2.473	2.771	3.690
28	.683	.855	1.056	1.313	1.701	2.048	2.467	2.763	3.674
29	.683	.854	1.055	1.311	1.699	2.045	2.462	2.756	3.659
30	.683	.854	1.055	1.310	1.697	2.042	2.457	2.750	3.646
31	.682	.853	1.054	1.309	1.696	2.040	2.453	2.744	3.633
32	.682	.853	1.054	1.309	1.694	2.037	2.449	2.738	3.622
33	.682	.853	1.053	1.308	1.692	2.035	2.445	2.733	3.611
34	.682	.852	1.052	1.307	1.691	2.032	2.441	2.728	3.601
35	.682	.852	1.052	1.306	1.690	2.030	2.438	2.724	3.591
36	.681	.852	1.052	1.306	1.688	2.028	2.434	2.719	3.582
37	.681	.851	1.051	1.305	1.687	2.026	2.431	2.715	3.574
38	.681	.851	1.051	1.304	1.686	2.024	2.429	2.712	3.566
39	.681	.851	1.050	1.304	1.685	2.023	2.426	2.708	3.558
40	.681	.851	1.050	1.303	1.684	2.021	2.423	2.704	3.551
41	.681	.850	1.050	1.303	1.683	2.020	2.421	2.701	3.544
42	.680	.850	1.049	1.302	1.682	2.018	2.418	2.698	3.538
43	.680	.850	1.049	1.302	1.681	2.017	2.416	2.695	3.532
44	.680	.850	1.049	1.301	1.680	2.015	2.414	2.692	3.526
45	.680	.850	1.049	1.301	1.679	2.014	2.412	2.690	3.520
46	.680	.850	1.048	1.300	1.679	2.013	2.410	2.687	3.515
47	.680	.849	1.048	1.300	1.678	2.012	2.408	2.685	3.510
48	.680	.849	1.048	1.299	1.677	2.011	2.407	2.682	3.505
49	.680	.849	1.048	1.299	1.677	2.010	2.405	2.680	3.500
50	.679	.849	1.047	1.299	1.676	2.009	2.403	2.678	3.496
60	.679	.848	1.045	1.296	1.671	2.000	2.390	2.660	3.460
80	.678	.846	1.043	1.292	1.664	1.990	2.374	2.639	3.416
120	.677	.845	1.041	1.289	1.658	1.980	2.358	2.617	3.373
240	.676	.843	1.039	1.285	1.651	1.970	2.342	2.596	3.332
∞	.674	.842	1.036	1.282	1.645	1.960	2.326	2.576	3.291

自由度 ν の t 分布で，上側危険率 $\alpha/2$ に対するパーセント点 $t_{\alpha/2}(\nu)$ を与えている．

例：$\nu=20$ で $\alpha/2=0.05$ に対しては $t_{0.05}(20)=1.725$ を得る．

例：両側で 0.05 のときは，この表では $\alpha/2=0.025$ のところを引いて $t_{0.025}(20)=2.086$ を得る．

付表3 簡単な微分と積分の関係を表す公式

$\dfrac{dy}{dx}$	y	$\int y\,dx$（積分定数はその時々に加える）
0	a	ax
1	$x \pm a$	$\frac{1}{2}x^2 \pm ax$
a	ax	$\frac{1}{2}ax^2$
nx^{n-1}	x^n	$\frac{1}{n+1}x^{n+1}$（n≠-1のとき）
$-x^{-2}$	x^{-1}	$\log_e x$
$u\frac{dv}{dx}+v\frac{du}{dx}$	uv	
（部分積分）	$u\frac{dy}{dx}$	$\int u\frac{dy}{dx}dx = uy - \int \frac{du}{dx}y\,dx$
$\frac{du}{dx}$	u	$\int u\,dx = ux - \int x\,du$
e^x	e^x	e^x
x^{-1}	$\log_e x$	$x(\log_e x - 1)$
$a^x \log_e a$	a^x	$\frac{a^x}{\log_e a}$
$-\frac{1}{(x+a)^2}$	$\frac{1}{x+a}$	$\log_e(x+a)$
$\mp\frac{b}{(a\pm bx)^2}$	$\frac{1}{a\pm bx}$	$\pm\frac{1}{b}\log_e(a\pm bx)$
$bn(a+bx)^{n-1}$	$(a+bx)^n$	$\frac{(a+bx)^{n+1}}{(n+1)b}$（$n$≠$-1$のとき）
$\frac{a}{(a+bx)^2}$	$\frac{x}{a+bx}$	$\frac{1}{b^2}\left\{a+bx-a\log_e(a+bx)\right\}$
$\cos x$	$\sin x$	$-\cos x$

参考文献

飯島泰蔵編，佐藤弘之著：基礎情報工学シリーズ 12 数値計算法，森北出版（1993）

磯田和男，大野　豊監修：FORTRAN による数値計算ハンドブック，オーム社（1971）

植田政美：はじめての ExcelVBA，秀和システム（2002）

浦　昭二：FORTRAN 77 入門（改訂版），培風館（1990）

浦　昭二，原田賢一編：C 入門，培風館（1994）

化学工学会編：化学工学のための応用数学，丸善（1993）

小島和夫：統計熱力学入門，培風館（1998）

近藤次郎：最適化法，コロナ社（1984）

笹部貞市郎編：数学要項定理公式証明辞典，聖文社（1969）

篠崎壽夫，松下祐輔編：工学のための応用数値計算法入門（上），コロナ社（1976）

鈴木誠道，矢部　博，飯田善久，中山　隆，田中正次：現代 数値計算法，オーム社（1994）

M. R. スピーゲル著，氏家勝巳，土井　誠訳：マグロウヒル大学演習シリーズ「統計」，マグロウヒル好学社（1981）

高橋大輔：理工系の基礎数学 8 数値計算，岩波書店（1996）

立花俊一，成田清正：エクササイズ線形代数，共立出版（1994）

P. デビット著，北浦和夫，田中秀樹訳：化学を学ぶ人の基礎数学，化学同人（1997）

戸川隼人：数値計算技法，オーム社（1972）

戸田盛和，広田良吾，和達三樹編，川上一郎著：理工系の数学入門コース 8 数値計算，岩波書店（1989）

永坂秀子：理工学基礎講座 6 計算機と数値解析，朝倉書店（1980）

平田光穂，小島和夫：工業化学のための化学工学，朝倉書店（1978）

平田光穂，小島和夫，栃木勝己：化学系のための実用数学，朝倉書店（1992）

平田光穂，須田精二郎，竹本宣弘：パソコンによる数値計算，朝倉書店（1982）

H. G. ヘクト著，大野公一，石田俊正訳：化学数学—その基礎とプログラミング—，マグロウヒル（1992）

P. G. ホエール著，浅井　晃，村上正康訳：初等統計学（原書第 4 版），培風館（1981）

三島俊司：CGI のための実践入門 Perl，技術評論社（1998）

H. S. ミックレー，T. K. シャーウッド，C. E. リード著，平田光穂監訳，芹沢正三訳：化学技術者のための応用数学，丸善（1968）

J. C. ミラー，J. N. ミラー著，宗森 信訳：データのとり方まとめ方ー分析化学のための統計学ー，共立出版（1991）
W. J. ムーア著，藤代亮一訳：物理化学（全2巻），東京化学同人（1974）
村上正康，佐藤恒雄，野沢宗平：教養の線形代数，培風館（1977）
S. D. Conte, C. De Boor : Elementary Numerical Analysis, McGraw-Hill（1972）

演習問題解答

第 1 章

1.1 （1）$a^{2/3}$　（2）$a^{-6}b^8$

1.2 （1）$x=4$　（2）$x=18$

1.3 （1）3/2　（2）1

1.4 ヒント：$\sin^2 x+\cos^2 x=1$ を用いて種類を統一.

（1）$x=2n\pi$，$2\pi/3+2n\pi$　（2）$x=\pi/6+2n\pi$，$5\pi/6+2n\pi$，$\pi/2+2n\pi$

1.5 $\log([\mathrm{H}^+]\ (\mathrm{mol/dm^3}))=-\mathrm{pH}=-2.50$，つまり $[\mathrm{H}^+]=3.16\times10^{-3}\ \mathrm{mol/dm^3}$.

1.6 例 1.1 より，$\ln k=\ln A-E_a/RT$，つまり

$$\ln\frac{k_2}{k_1}=-\frac{E_a}{R}\left(\frac{1}{T_2}-\frac{1}{T_1}\right)$$

この式に T_2，T_1，k_2，k_1 の各値を代入し，気体定数を $R=8.314\ \mathrm{J\,K^{-1}mol^{-1}}$ として，活性化エネルギー E_a を求めると，$E_a=244.7\ \mathrm{kJ/mol}$. この結果を上記の式に代入して，前指数因子は $A=2.24\times10^{12}\ \mathrm{dm^3/mol{\cdot}s}$ となる.

第 2 章

2.1 （1）　平均値 $\bar{x}=26.9$，標準偏差 $s=\sqrt{(\sum(x_i-\bar{x})^2)/(n-1)}=3.014$.

（2）　頻度は以下のようになる.

21—22：1，22—23：1，23—24：0，24—25：1，25—26：2，26—27：4，27—28：2，28—29：1，29—30：0，30—31：1，31—32：1，32—33：1

これらから頻度（＝区間内の数/総数）を求める.

（3）　次に，（1）で求めた平均値と標準偏差によって変数 x を z に変換する.

$$z=\frac{x-\mu}{\sigma}=\frac{x-26.9}{3.014}$$

そして，正規分布曲線 $f(z)=(1/\sqrt{2\pi})\exp(-z^2/2)$ に代入して $f(x)$ を求める.（2）と（3）で得られた結果を図 A.1 に示した.

（4）　付録の標準正規分布表から，

（a）　信頼係数 0.90 のときは $-1.645\leqq z\leqq+1.645$. つまり x では $21.94\leqq x\leqq31.86$.

（b）　信頼係数 0.95 のときは $-1.960\leqq z\leqq+1.960$. つまり $20.99\leqq x\leqq32.81$ である.

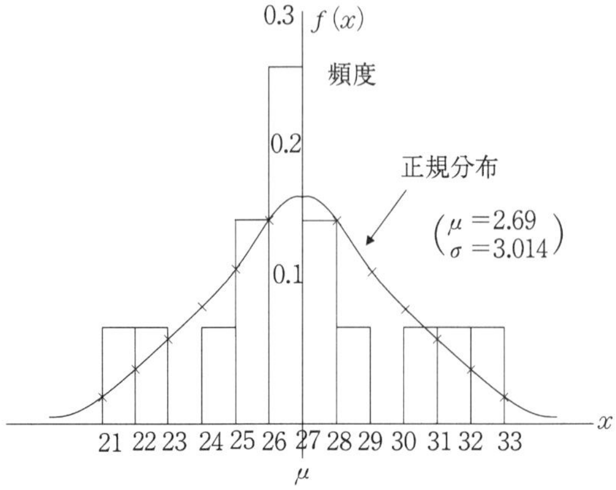

図 A.1 演習問題 2.1 (3)

2.2 (1) $\bar{x}=26.21$, $s=1.625$

(2) 順番に 2 つずつ区切ってそれぞれの平均を求めると, 24.31, 25.58, 26.09, 28.04, 27.05, 26.20 となる. この 6 つの平均は(1)のときと同じで 26.21, また 6 つの平均値の標準偏差=1.271 となる.

(3) 順番に 3 つずつ区切ってそれぞれの平均を求めると, 24.49, 26.163, 27.26, 26.93 となる. この 4 つの平均は(1)のときと同じであるが, それらの標準偏差=1.236 となる.

(4) $\sigma_{\bar{x}}=\sigma/\sqrt{n}$の関係を用いて推定する. つまり, 2 つずつ ($n=2$) では, $\sigma_{\bar{x}}=1.625/\sqrt{2}=1.149$, 3 つずつでは $\sigma_{\bar{x}}=0.9382$ となる. $n=2$ では(2)の答とよく一致するが, $n=4$ では(3)で得られた標準偏差はかなり大きい.

2.3 (1) 平均値 $\bar{x}=25.53$, 標準偏差 $s=0.248$

(2) $t=(\bar{x}-\mu)/(s/\sqrt{n})$ に $n=5$, そして平均値と標準偏差を代入すると, $t=9.017(25.53-\mu)$. ここで信頼係数を 0.95, 自由度 ($=n-1$)$=4$ として付録の t 分布表から信頼区間を求めると, $-2.776<9.017(25.53-\mu)<+2.776$, つまり $25.22<\mu<25.84$ が得られる.

第 3 章

3.1 (a)略. (b)$\log Y$ を求めそれと X をプロットする (図略).

3.2 次元解析の問題であり, 例 3.1 と同様に解く. 次元は質量 (M), 長さ (L), 時間 (T) を考える. 与えられた問題から, 以下の指数式を仮定する.

$$V=K(r)^{a}(g)^{b}(\rho_{A})^{c}(\rho_{B})^{d}(\sigma)^{e}$$

ここで, K は定数 (無次元), V は液滴 (重液) の体積, r は管の半径, g は重力加速度, ρ_A は軽液の密度, ρ_B は重液の密度, σ は界面張力である. そこで, 各変数に次元を入れて整理する．

ここで，a，b，c，d，e は未知数である．

$$[L^3]=[L]^a[LT^{-2}]^b[ML^{-3}]^c[ML^{-3}]^d[MT^{-2}]^e=[L]^{a+b-3c-3d}[T]^{-2b-2e}[M]^{c+d+e}$$

つまり，

$$[L] について，\quad 3=a+b-3c-3d$$
$$[T] について，\quad 0=-2b-2e$$
$$[M] について，\quad 0=c+d+e$$

未知数は 5 つでその間に成立する式は 3 つしかないため，a，b，c を d と e で表すことにする．つまり，

$$c=-d-e$$
$$b=-e$$
$$a=3-2e$$

この結果をもとの指数式に代入する．

$$V=K(r)^{3-2e}(g)^{-e}(\rho_A)^{-d-e}(\rho_B)^d(\sigma)^e$$

変形すると，

$$\frac{V}{r^3}=\left(\frac{\rho_B}{\rho_A}\right)^d\left(\frac{\sigma}{r^2g\rho_A}\right)^e$$

となる．ここで，カッコ内の次元を調べてみるとすべて無次元であることがわかる．すなわち，カッコ内は無次元項である．この問題に π 定理を適用すると，変数の数は 6，次元の数は 3 であり，6−3=3 つの無次元項によって表されることになる．

3.3 求める式を $y=a+bx$ とし，式 (3.37) で表される正規方程式を解くため，各要素を計算すると次式が求まる．

$$5a+1600b=0.645$$
$$1600a+516000b=205.4$$

そして式 (3.38) によって正規式を解くと，$a=0.209$，$b=-2.5\times10^{-4}$．

3.4 求める式は $y=a+bx$ である．

(1) 例 3.3 のデータを用いて正規方程式を求めると，

$$9a+123b=406.9$$
$$123a+3183b=8442.9$$

この連立方程式を解くと，$a=18.99$，$b=1.919$．

(2) (1)で求めた式による計算値を y_i とし，式 (3.28)～式 (3.30) を用いて標準誤差，標準偏差，決定係数を求める．つまり，標準誤差 (RMS)=5.791，標準偏差 (SD)=6.142，決定係数 (R^2)=0.9483．なお，例 3.3 で得られた 2 次式では，RMS=2.200，SD=2.694，$R^2=0.9925$ となり，すべての面でこの方がまさっている．しかし，この 2 次式は $x=43.46$ において最大値を示す．与えられた問題において，一般的にはこのような現象はありえ

ないことであり，使う時（とくに外挿）には注意する必要がある．

3.5 （1） $C_p=y$，$T=x$ とおくと，求める 2 次方程式は $y=a+bx+cx^2$．式（3.43）の各要素の値をデータから求めて解くと，$y=24.186+3.923\times10^{-2}x-7.456\times10^{-6}x^2$ となる．

（2） データから，$\bar{x}=749.69$，$\bar{Y}=48.148$．式（3.1）より，直線相関係数 $r=0.9947$．

（3） （1）で得られた最小 2 乗式により計算された値を y_i として，標準誤差（RMS）$=0.2083$，標準偏差（SD）$=0.2946$，決定係数（R^2）$=0.9996$．

3.6 （1） まず，与えられたデータ x-T の関係を x-F（$F=T-t_2-(t_1-t_2)x$）の関係に変形し，それを以下の高次多項式で相関する．

$$f(x)=x(1-x)(a_0+a_1x+a_2x^2+\cdots+a_mx^m)$$

そこで，項数 m を 3 から 6 まで変化させ，項数ごとに最小 2 乗法により係数値 a_i を決定し，さらにそのときの T の値を計算した．それを比較したのが図 A.2 である（実線が $f(x)$ による計算値）．m を増やしても合わせることができず，$m=6$ にした場合は，全点を通るが極大と極小を有している．

（3） （(2) は後述）そこで，$G=F/\{x(1-x)\}$式に従って，F をさらに加工し G-x の関係を求めた．そして，（1）と同様に多項式（以下）によって当てはめを試みた．

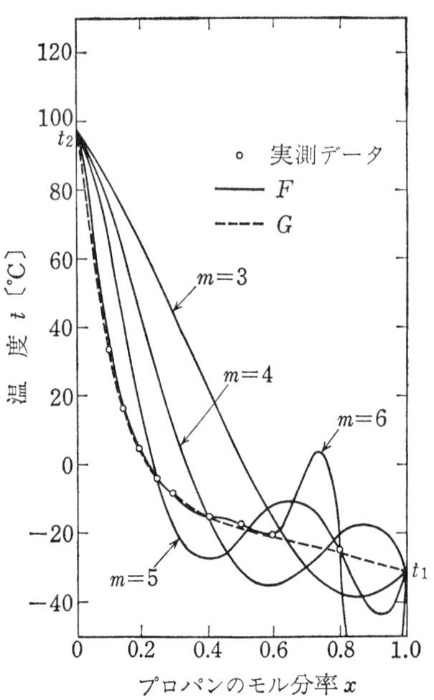

図 A.2 プロパン-ベンゼン系の t-x

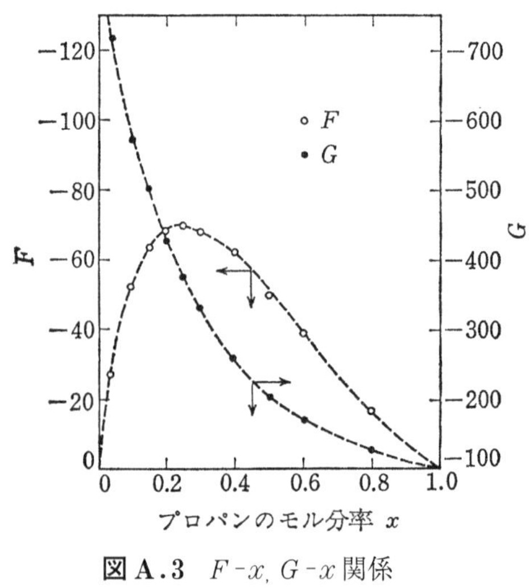

図 A.3 F-x, G-x 関係

$$g(x)=b_0+b_1x+b_2x^2+\cdots+b_kx^k$$

その結果，$k=4$ にすることによって与えられたデータを精度よく表すことに成功した．そのときの値は，

$b_0=-769.084$，$b_1=2271.72$，$b_2=-3369.93$，$b_3=2541.20$，$b_4=-773.187$

結局，与えられた問題のプロパン-ベンゼン系の沸点曲線は，

$$t=t_2+(t_1-t_2)x+x(1-x)(b_0+b_1x+b_2x^2+b_3x^3+b_4x^4)$$

で当てはめができた．この結果は図 A.2 中の破線で示しているように，極値もなく，複雑な沸点曲線をよく再現していることがわかる．

（2） ここで，x-F ではうまく行かず，x-G ではうまく曲線の当てはめができた理由を考えてみる．図 A.3 には x-F，x-G のデータをプロットした．明らかに，F は変曲点をもつ複雑な形状であるが G はシンプルな形である．これがうまくいった最大の理由である．なお，$g(x)$ の右辺の次数をさらに増やしていくと誤差は減少するが極値が出現するため，$k=4$ を採用した．

第 4 章

4.1 （1） $x=0.23$ をはさむ x （y） の値から以下のように線形補間式が求まる．

$$y=2.56+\frac{2.31-2.56}{0.3-0.2}(x-0.2)=-2.5x+3.06$$

よって $x=0.23$ を代入すると，$y=2.485$ となる．

（2） ラグランジュ式は，

$$y=a_1(x-x_2)(x-x_3)(x-x_4)+a_2(x-x_1)(x-x_3)(x-x_4)+$$
$$a_3(x-x_1)(x-x_2)(x-x_4)+a_4(x-x_1)(x-x_2)(x-x_3)$$

データから係数を求めると，

$$a_1=-465,\quad a_2=1280,\quad a_3=-1155,\quad a_4=340$$

これらの値を式に代入し，$x=0.23$ とすれば，$y=2.484$ となり，この場合は線形補間の結果とよく一致する．

4.2 ニュートンの補間式を求めるため階差表を作成した．

x	y	$\Delta^1 y$	$\Delta^2 y$	$\Delta^3 y$
2.1	0.74194			
		0.04652		
2.2	0.78846		-2.07×10^{-3}	
		0.04445		0.18×10^{-3}
2.3	0.83291		-1.89×10^{-3}	
		0.04256		0.15×10^{-3}
2.4	0.87547		-1.74×10^{-3}	
		0.04082		
2.5	0.91629			

結局，第3階差がほぼ一定とみなし，補間式の次数は3とした．

そこで，y の値を補間するため，$p=(x-2.1)/0.1$ とおく．求めるニュートンの補間式は，

$y=0.74194+0.04652p-(2.07\times10^{-3}/2)p(p-1)+(0.18\times10^{-3}/6)p(p-1)(p-2)$

ここで，$x=2.23$ を代入すると，$y=0.80200$ となる．なお，与えられたデータは $y=\ln(x)$ からつくったものであり，この値は $\ln(2.23)=0.8020015$ と非常によくあっている．

4.3 メタンの体積 v を z，温度 T を x，圧力 P を y として，表で与えられたデータを式 (4.17) に代入すると，3点を通る平面の式

$$Z=52.0+0.1712(x-355.4)-14.29(y-3.40)$$

が得られる．そこで，$x=360$ K，$y=3.5$ MPa を代入すれば，$z=51.36\ \mathrm{cm^3/g}$ が求めるメタンの体積である．

第 5 章

5.1 (a) 0.186393 (20回目で収束)，(b) 0.186393 (8回目で収束)

5.2 異なる3実数解 $x_1=0.186393$，$x_2=2.47068$，$x_3=4.34292$

5.3 $x_1=\sqrt{e^{-x}+2}$ とすると，1.491644 (初期値を $x_0=10$ とした場合5回目で収束)．$x=-\ln(x^2-2)$ とすると，式 (5.6) の単純代入法の収束条件と対数の条件 ($x^2>2$) より収束せず解は発散．

5.4 反応進行度 $\xi=0.6250$ (29回目で収束)．$f(\xi)=\xi^3-3.000\,\xi^2+3.182\,\xi-1.061$，$f(\xi)'=3\,\xi^2-6.000\,\xi+3.182$．

5.5 $x=0.557381$，$y=0.277013$ (6回目で収束)．$\partial f_1(x,y)/\partial x=2/x$，$\partial f_1(x,y)/\partial y=1$，$\partial f_2(x,y)/\partial x=1/2$，$\partial f_2(x,y)/\partial y=1/y$．

第 6 章

6.1 (1) $\boldsymbol{A}^{-1}=\begin{bmatrix}\frac{3}{8} & -\frac{1}{8}\\ \frac{2}{8} & \frac{2}{8}\end{bmatrix}=\frac{1}{8}\begin{bmatrix}3 & -1\\ 2 & 2\end{bmatrix}$

(2) $\boldsymbol{A}^{-1}=\begin{bmatrix}\frac{41}{111} & \frac{-16}{111} & \frac{13}{111}\\ \frac{8}{111} & \frac{5}{111} & \frac{-11}{111}\\ \frac{5}{111} & \frac{17}{111} & \frac{7}{111}\end{bmatrix}=\frac{1}{111}\begin{bmatrix}41 & -16 & 13\\ 8 & 5 & -11\\ 5 & 17 & 7\end{bmatrix}$

6.2 (1) $x_1=1$，$x_2=2$，$x_3=3$

(2) $x_1=-1$，$x_2=1$，$x_3=2$

（3）　$x_1=5.234$，$x_2=9.472$，$x_3=9.401\times10^{-2}$

6.3　蒸留搭に供給される原液の流量を F kmol/h，第 I 搭の搭底物流量を W_{I} kmol/h，第II搭の搭頂物および搭底物流量をそれぞれ D，W_{II} kmol/h とし，計算基準として題意の $F=100.0$ kmol/h を選ぶと，蒸留操作をめぐる物質収支は次のように与えられる．

全物質収支

$$W_{\mathrm{I}}+D+W_{\mathrm{II}}=100.0 \tag{a}$$

成分収支

メタノール：$0.080\,W_{\mathrm{I}}+0.990D+0.010\,W_{\mathrm{II}}=(0.250)(100.0)=25.0$　（b）

エタノール：$0.120\,W_{\mathrm{I}}+0.010D+0.990\,W_{\mathrm{II}}=(0.150)(100.0)=15.0$　（c）

水　　　　：$0.800\,W_{\mathrm{I}}=(0.600)(100.0)=60.0$　（d）

題意の条件では式（d）より，直ちに $W_{\mathrm{I}}=60.0/0.800=75.0$ kmol/h と計算することができるが，ここでは式（a），（b），（c）を用いると，

$$W_{\mathrm{I}}=75.0\text{ kmol/h},\quad D=19.1\text{ kmol/h},\quad W_{\mathrm{II}}=5.9\text{ kmol/h}$$

6.4　例 6.5 と同様に物質収支式として式（b），（c），（d）を選択すると，逆行列法では，連立 1 次方程式の増大行列を次のように設定する．

$$[\boldsymbol{A}\ \boldsymbol{I}]=\left[\begin{array}{ccc:ccc}0.100 & 0 & 0.400 & 1 & 0 & 0\\ 0.080 & 0.300 & 0 & 0 & 1 & 0\\ 0.820 & 0.700 & 0.600 & 0 & 0 & 1\end{array}\right]$$

この行列の左半分の $\boldsymbol{A}$ が単位行列となるようにガウス-ジョルダンの消去操作を実行し，得られた増大行列の右半分が係数行列 $\boldsymbol{A}$ の逆行列 $\boldsymbol{A}^{-1}$ であるので，$\boldsymbol{X}=\boldsymbol{A}^{-1}\boldsymbol{B}$ を用いて，

$$a=25.8\text{ kmol},\quad b=43.1\text{ kmol},\quad c=31.0\text{ kmol}$$

6.5　（1）　$x_1=1$，$x_2=2$，$x_3=3$（17 回目で収束）

（2）　$x_1=-1$，$x_2=1$，$x_3=2$（19 回目で収束）

（3）　$x_1=5.234$，$x_2=9.472$，$x_3=9.401\times10^{-2}$（5 回目で収束）

6.6　演習問題 6.4 と同様に例 6.5 中の式（b），（c），（d）を用い，初期値を $b^0=30$ kmol，$c^0=40$ kmol として，

$a=25.9$ kmol，$b=43.1$ kmol，$c=31.0$ kmol　（9 回目で収束）

6.7　演習問題 6.3 と同様に式（a），（b），（c）を用いて，初期値として $D=0.0$ kmol/h，$W_{\mathrm{II}}=0.0$ kmol/h を用いると，

$W_{\mathrm{I}}=75.0$ kmol/h，$D=19.1$ kmol/h，$W_{\mathrm{II}}=5.9$ kmol/h　（7 回目で収束）

初期値として $D=20.0$ kmol/h，$W_{\mathrm{II}}=60.0$ kmol/h を用いると，

$W_{\mathrm{I}}=75.0$ kmol/h，$D=19.1$ kmol/h，$W_{\mathrm{II}}=5.9$ kmol/h　（8 回目で収束）

第 7 章

7.1 $(\partial V/\partial S)_P=(\partial T/\partial P)_S$, $(\partial P/\partial T)_V=(\partial S/\partial V)_T$, $(\partial V/\partial T)_P=-(\partial S/\partial P)_T$.

7.2 表 7.12 において，$0.5 \leqq n_1/n_2 \leqq 5$ の範囲で $-\Delta H_S$ を関数近似して相関係数 $R=99.94\,\%$ で $-\Delta H_S=28.676+42.594\log(n_1/n_2)$ を得る．これより，$n_1/n_2=2$ において $\partial\Delta H_S/\partial(n_1/n_2)=-21.297$ kJ/mol を得る．表 7.3 の 3 つの方法によって数値微分すると表 A.1 のようになる．答 −21.30 kJ/mol

表 A.1 数値微分による微分溶解熱の計算結果

$h=\Delta(n_1/n_2)$	D_1	D_2	D_3
1	17.270	23.397	19.779
0.1	20.782	21.315	21.265
0.01	21.244	21.297	21.297

7.3 表 7.7 にある 5 つの近似法によって反応時間を数値積分により求めると次のようになる．

表 A.2 定容回分反応に対する積分による反応時間

分割数 N	矩形則	中点則	台形則	シンプソン則	修正台形則
10	1430.107	1430.107	3657.607	2522.237	172.376
100	1131.376	1131.376	1151.626	1151.293	1144.866
1000	1149.271	1149.271	1151.296	1151.293	1150.621
10000	1141.090	1151.090	1151.293	1151.293	1151.225

解析解からは 1151.293 s を得る．

7.4 $V/\pi=\int_{-1}^{1}(1-x^2)\,dx$. 矩形則により V/π の値を求めると次のようになる．分割数を 33 にすると 0.1% の誤差内で $V/\pi=4/3$ を得る．

表 A.3 回転体の体積 V/π を矩形則により求めた数値積分の値

分割数 N	相対誤差	V/π
10	−1.00%	1.320
20	−0.25%	1.330
30	−0.11%	1.332
33	−0.09%	1.332
40	−0.06%	1.332

7.5 $f(x)=x-\dfrac{\ln x}{\ln p}$，$f'(x)=1-\dfrac{1}{x\ln p}$．　∴　$p>0$ かつ　$p\neq 1$.

（1）　$0<p<1$ のとき，$x\to\infty$ で $f(x)\to\infty$，$x\to +0$ で $f(x)\to -\infty$．よって，実根をもつ.

（2）　$1<p$ のとき，$x\to\infty$ で $f(x)\to\infty$，$x\to +0$ で $f(x)\to\infty$．ところが $f'(x)=0$ より $x=1/\ln p$ を得るので，$f(1/\ln p)\leqq 0$ となればよい.

答　$0<p<1$，$1<p\leqq e^{1/e}$.

第 8 章

8.1 球状防虫剤の半径を r，初期半径を r_0，密度を ρ，速度定数を k とすると

$$-\frac{d[(4/3)\pi r^3\rho]}{dt}=4\pi r^2 k \quad \therefore \quad 1-\frac{r}{r_0}=\frac{k}{\rho r_0}t$$

与えられた条件より，$k/\rho r_0=(1-1/2^{1/3})/90$．答　$(1-1/2)/[(1-1/2^{1/3})/90]$ 日

8.2 流量を Q，濃度を C，溶液の密度を ρ とする.

[答]

（1）　$Q_{\rm in}C_{\rm in}-Q_{\rm out}C=VdC/dt$

（2）　$Q_{\rm in}(\rho_{\rm in}-C_{\rm in})-Q_{\rm out}(\rho-C)=Vd(\rho-C)/dt$

（3）　$(Q_{\rm out}/V)t=\ln[(Q_{\rm in}C_{\rm in}-Q_{\rm out}C_0)/(Q_{\rm in}C_{\rm in}-Q_{\rm out}C)]$

∴　$C=(1/Q_{\rm out})[Q_{\rm in}C_{\rm in}-(Q_{\rm in}C_{\rm in}-Q_{\rm out}C_0)\exp(-Q_{\rm out}t/V)]$

ここで $Q_{\rm out}=0.8$，$Q_{\rm in}=0.8$，$V=10$，$C_{\rm in}=0.1$，$C_0=5/10$.

8.3 $\dfrac{dx_{\rm A}}{(k/C_{\rm A0}{}^{0.5})dt}=(1-x_{\rm A})^{0.5}$ を解いて次の表を得る．解析解は 0.585786 である.

表 A.4　微分方程式の数値解法による無次元反応時間

$(\Delta t)k/C_{\rm A0}{}^{0.5}$	オイラー法	テイラー法	ルンゲ-クッタ法
0.0	0.5	0.5	0.5
0.01	0.58	0.58	0.58
0.001	0.585	0.585	0.585
0.0001	0.5857	0.5857	0.5857

8.4 解析解から $b/c=k_1/k_2$ が得られるので，ルンゲ-クッタ法により数値解法を行うと時間の増分 h や a_0 の値にかかわらずすべての時間において $b/c=0.5$ を得る.

8.5 （1）　$\Psi\to y_1$，$d\Psi/dx\to y_2$ の変換により

$$dy_1/dx=y_2 \qquad \text{(a)}$$

$$dy_2/dx=-cy_1 \qquad \text{(b)}$$

（2）　省略.

（3） $x=0$ で $y_1=0$，$y_2=y_{2,\mathrm{ini}}$ を初期条件としてルンゲ-クッタ法により式(a)，(b)を解く．$y_{2,\mathrm{ini}}$ は Ψ に対する条件 $\int_0^a \Psi^2 dx=1$ よりあらかじめ決定しておく．表 A.5 に $n\pi/c^{1/2}$ に対する分割数 N と $y_1=0$ となる $x/(n\pi/c^{1/2})$ の値を示す．この結果は c の値によらない．分割数 10000 で 99.99 %の精度で確認できる．第 2 の境界条件より，$E=n^2h^2/8ma^2$（$n=1, 2, 3, \cdots$）の不連続な値が許される．

表 A.5 $\Psi=0$ になる無次元距離 $x/(n\pi/c^{1/2})$ の値（ルンゲ-クッタ法による連立微分方程式 (a),(b) の数値解法）

N	$n=1$	$n=2$	$n=3$
100	0.9900	0.9900	0.9900
1000	0.9990	0.9990	0.9990
10000	0.9999	0.9999	0.9999

$c=(8\pi^2 mE)/h^2$

第 9 章

9.1 $x=0$，$y=1$ の時，$z_{\text{極値}}=5$.

9.2 $x=2$，$y=3$ の時，$z_{\text{極値}}=7$.

9.3 $A=7.3808$，$B=2081$，$C=-55.9$.

9.4 $\tau_{12}=0.318$，$\tau_{21}=0.314$.

9.5 $\tau_{12}=0.318$，$\tau_{21}=0.314$.

9.6 $x_1=1$，$x_2=4$ の時，$z_{\text{最小値}}=4$.

索　　引

欧　文

ア　行

カ　行

マ 行

ヤ 行

ラ 行

著者略歴

長浜邦雄（ながはま くにお） [1,2,3,4章]
1942年　東京都に生まれる
1971年　東京都立大学工学研究部
　　　　工業化学科博士課程修了
現　在　東京都立航空工業高等専門
　　　　学校校長
　　　　工学博士

加藤　覚（かとう さとる） [7,8,10章]
1949年　北海道に生まれる
1975年　東京工業大学大学院
　　　　理工学研究科修士課程修了
現　在　首都大学東京都市環境学部
　　　　都市環境学科教授
　　　　工学博士

栗原清文（くりはら きよふみ） [5,6章]
1960年　神奈川県に生まれる
1985年　日本大学大学院
　　　　理工学研究科修士課程修了
現　在　日本大学理工学部
　　　　物質応用化学科教授
　　　　工学博士

栃木勝己（とちぎ かつみ） [9章]
1945年　東京都に生まれる
1969年　日本大学大学院
　　　　理工学研究科修士課程修了
現　在　日本大学理工学部
　　　　物質応用化学科教授
　　　　工学博士

化学数学　　定価はカバーに表示

2004年4月30日　初版第1刷
2006年1月20日　　　第2刷

著　者　長　浜　邦　雄
　　　　栗　原　清　文
　　　　加　藤　　　覚
　　　　栃　木　勝　己
発行者　朝　倉　邦　造
発行所　株式会社 朝　倉　書　店
東京都新宿区新小川町 6-29
郵 便 番 号　162-8707
電　話　03(3260)0141
FAX　03(3260)0180
http://www.asakura.co.jp

〈検印省略〉

中央印刷・渡辺製本

ISBN 4-254-14065-7　C 3043　　Printed in Japan